21世纪高等学校规划教材

计算机基础课程“工学结合”实训指导书

主　编　王东山
副主编　胡　越　熊华东
编　写　张　俊　王　瑞　王玲玉
主　审　杜中庆

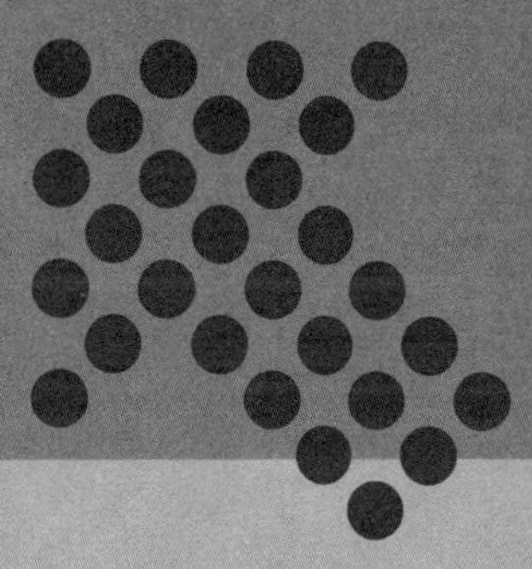

中国电力出版社
http://jc.cepp.com.cn

内 容 提 要

本书为 21 世纪高等学校规划教材。

本书通过 74 个实例，由浅入深地介绍了计算机基础、Windows XP 操作系统、文字处理软件 Word 2003、表格处理软件 Excel 2003、演示文稿软件 PowerPoint 2003 等知识。此外，本书还配有一张光盘，内含书中实例用到的 Word 文件、图片、PowerPoint 演示文件。

本书图文并茂，实例丰富，内容浅显易懂，可作为高等职业学校、高等专科学校、成人高校及普通高等教育本科院校举办的二级职业技术学院和民办高校的计算机文化基础课程的配套教材。

图书在版编目（CIP）数据

计算机基础课程“工学结合”实训指导书 / 王东山主编. 北京：中国电力出版社，2010.8

21 世纪高等学校规划教材

ISBN 978-7-5123-0681-3

Ⅰ. ①计… Ⅱ. ①王… Ⅲ. ①电子计算机－高等学校－教学参考资料 Ⅳ. ①TP3

中国版本图书馆 CIP 数据核字（2010）第 142550 号

中国电力出版社出版、发行

（北京三里河路 6 号 100044 http://jc.cepp.com.cn）

航远印刷有限公司印刷

各地新华书店经售

*

2010 年 8 月第一版 2010 年 9 月北京第二次印刷

787 毫米×1092 毫米 16 开本 7.75 印张 182 千字

定价 15.00 元（含 1CD）

前 言

本书为21世纪高等学校规划教材《计算机应用基础》的配套教材，是根据教育部制定的"高职高专计算机公共基础课程教学基本要求"和最新的全国计算机等级考试大纲编写而成的。在作者多年计算机基础教学经验积累的基础上，融入了多方面的宝贵意见以及计算机技术的最新发展。

本书系统地对计算机基础知识、Windows XP 操作系统、文字处理软件 Word 2003、表格处理软件 Excel 2003、演示文稿软件 PowerPoint 2003 等以案例驱动的方式进行了详尽地介绍。

为了体现高职高专"工学结合"的教学特点，本书以实用性为特点，组织编写了办公自动化方面应用的74个实例，由浅入深，通过实例实践培养学生的职业能力，做到学以致用。

本书可作为高等职业学校、高等专科学校、成人高校及普通高等教育本科院校举办的二级职业技术学院和民办高校的计算机文化基础课程的配套教材，也可作为全国计算机等级考试及各种培训的教材，以及广大工程技术人员普及计算机基础的岗位培训教程，同时也可作为广大计算机爱好者的操作实践入门指导书。

本书由王东山主编和统稿，其中张俊编写第1章，胡越编写第2章，王瑞和王玲玉编写第3章，熊华东编写第4章。杜中庆老师审阅了全书。

在编写过程中，孙奕学、洪霞、罗勇等提供了许多宝贵意见，另外还得到了信息工程系全体教师的大力支持，在此一并表示感谢。

限于编者水平、时间仓促，书中难免有疏漏和不妥之处，恳请读者批评指正，并多提出宝贵意见。

编 者

2010年8月

目　录

第1章 操作系统应用

Windows XP 中文全称为视窗操作系统体验版，是微软公司发布的一款视窗操作系统。人们通过操作系统可以控制和使用计算机的各种资源。为使学习者更快地掌握操作系统的各种应用，我们主要对 Windows XP 的桌面、Windows XP 的界面元素、Windows XP 中的输入法、Windows XP 的基本操作、Windows 资源管理器的应用、任务管理器、Windows XP 常用内置工具的使用、获取帮助和支持等不同应用领域的特征，分别进行独立考试。

1.1 第 1 题

【操作要求】 请启动资源管理器，在 D 盘建立考试文件夹，文件夹重命名为“张三”，将本地磁盘 E 中“考试”文件夹的内容复制到 D 盘“张三”文件夹中。

【例 1-1】

（1）启动“资源管理器”：开机，进入 MS Windows XP，右键单击“我的电脑”，选择下拉菜单的“资源管理器”选项，单击打开，如图 1-1 所示。

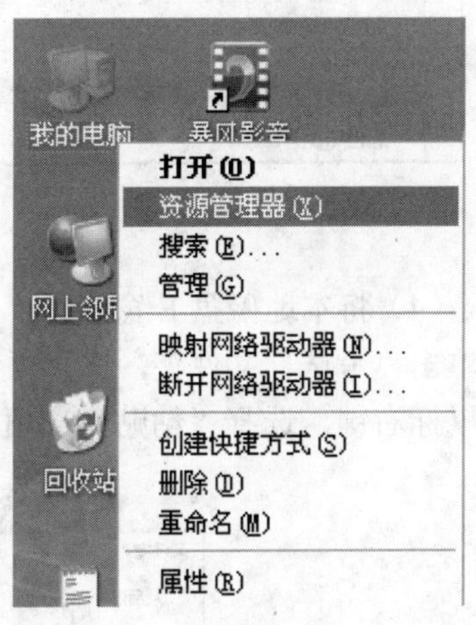

图 1-1

（2）创建文件夹：在“资源管理器”中，单击“本地磁盘 D”，在右边窗格空白处单击鼠标右键。在下拉菜单中选择“新建”→“文件夹”选项，建立考生文件夹，如图 1-2 所示。

（3）将文件夹重命名为“张三”：右键单击“新建文

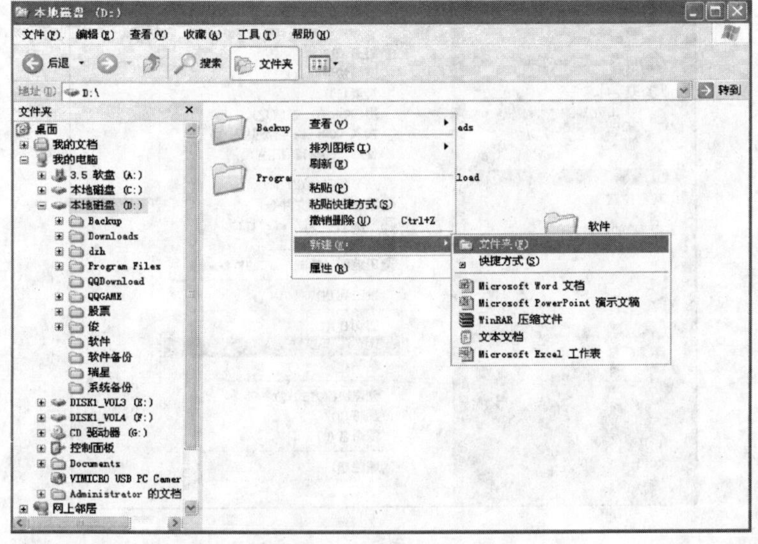

图 1-2

件夹”，在下拉菜单中选择“重命名”选项，输入“张三”，如图 1-3、图 1-4 所示。

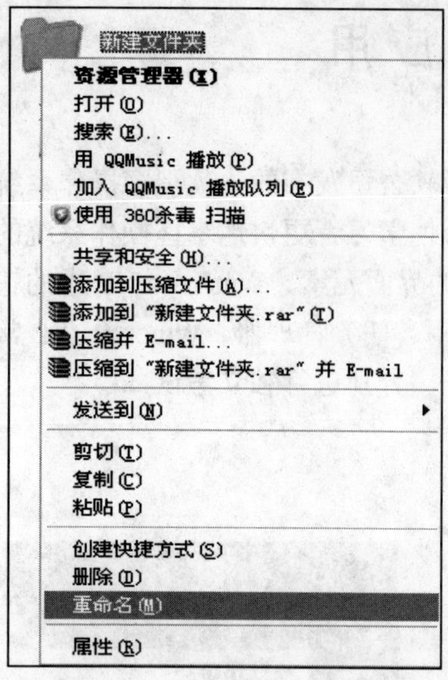

图 1-3

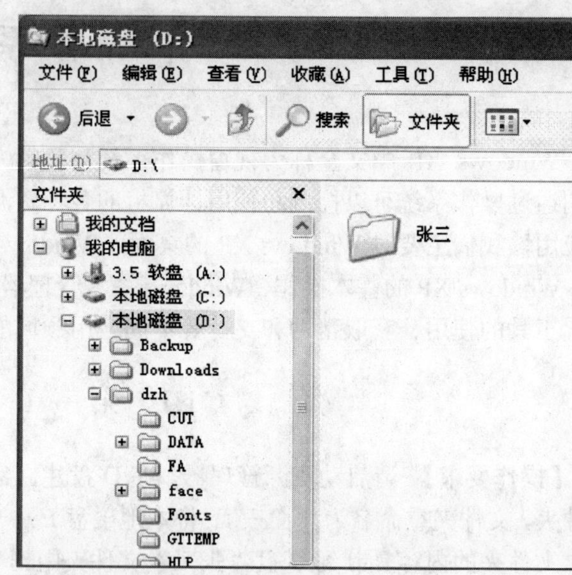

图 1-4

（4）将本地磁盘 E 窗口的“考试”文件夹的内容复制到 D 盘“张三”中：打开 E 盘，右键单击“考试”文件夹，选择“复制”选项，再打开 D 盘“张三”文件夹，在任意空白处单击鼠标右键，选择“粘贴”选项即可，如图 1-5、图 1-6 所示。

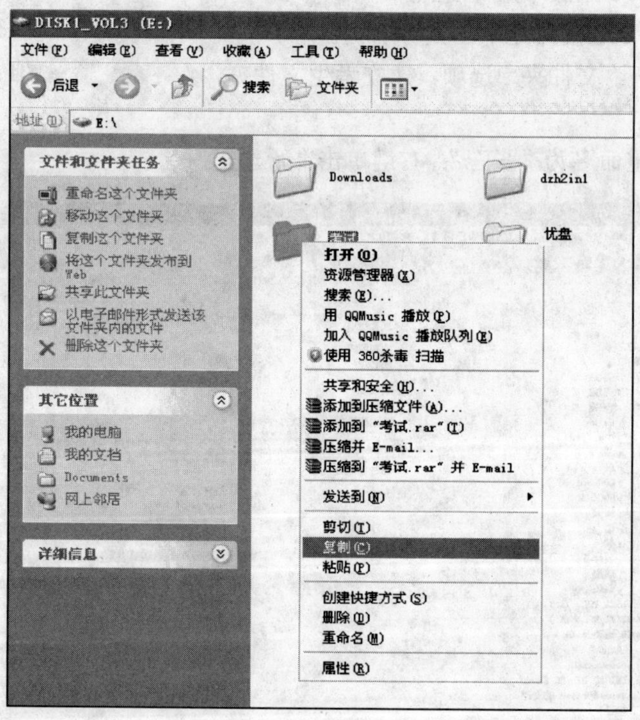

图 1-5

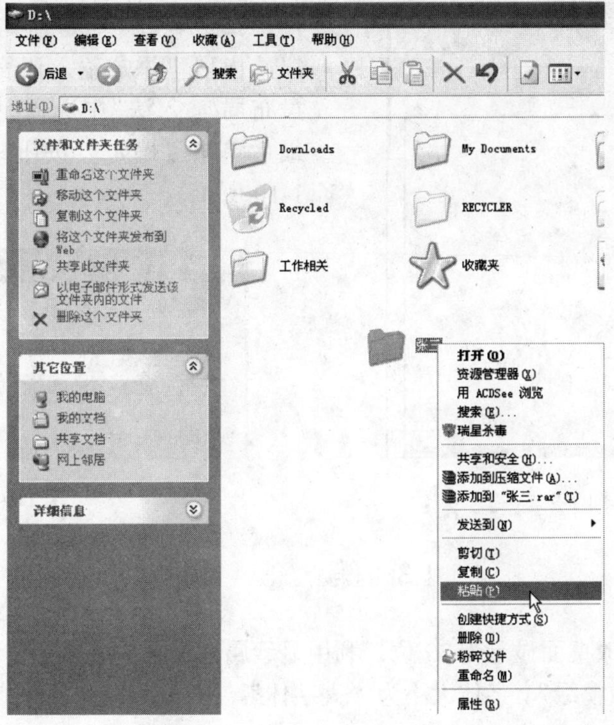

图 1-6

1.2 第 2 题

【操作要求】 如何在语言栏中添加“双拼输入法”。

【例 1-2】

（1）在桌面的右下角语言选择栏中，右键单击语言栏，在下拉菜单中选择“设置”选项，显示“文字服务和输入语言”对话框，如图 1-7、图 1-8 所示。

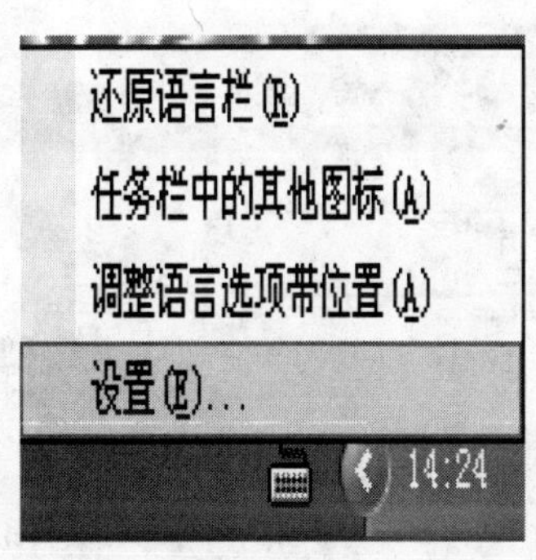

图 1-7

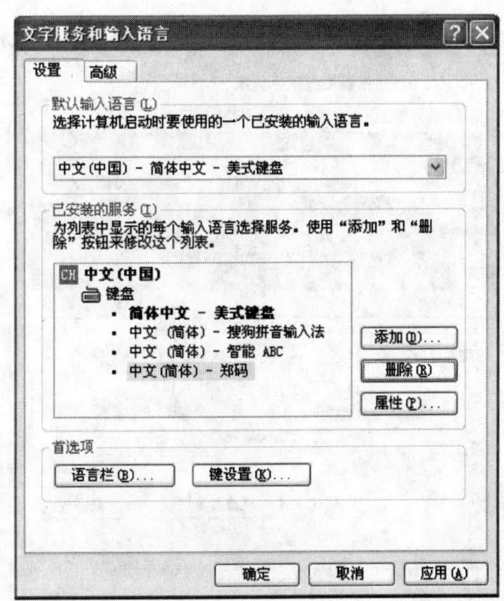

图 1-8

（2）单击“设置”选项卡的“添加”按钮，出现“添加输入语言”对话框。在“键盘布局/输入法”中选择“中文（简体）-双拼”，最后单击“确定”按钮即可，如图 1-9、图 1-10 所示。

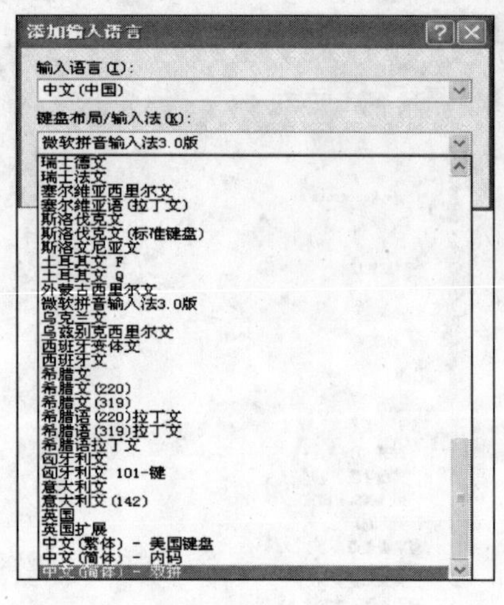

图 1-9

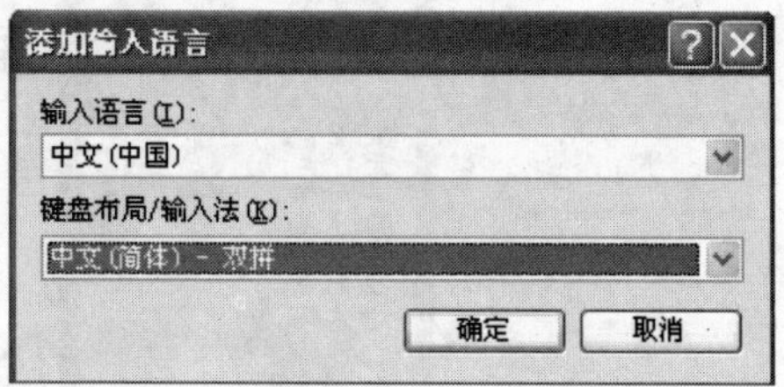

图 1-10

1.3 第 3 题

【操作要求】更改桌面显示为 32 位。利用显示属性设置使菜单下显示阴影。设置屏幕外观，色彩方案为“橄榄绿”，字体大小为“大字体”。

【例 1-3】

（1）右键单击桌面空白处，单击“属性”选项，出现“显示 属性”对话框。在对话框中选择“设置”标签，在“设置”选项卡中选择“颜色质量”为“最高（32 位）”，单击“确定”按钮，如图 1-11 所示。

（2）在“显示 属性”对话框中选择“外观”标签，在“外观”选项卡中单击“效果”按钮，在“效果”对话框中勾选“在菜单下显示阴影”，再单击“确定”按钮，如图 1-12、图 1-13 所示。

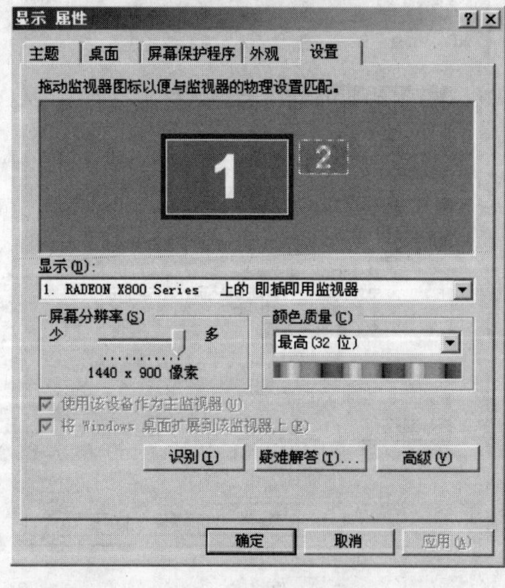

图 1-11

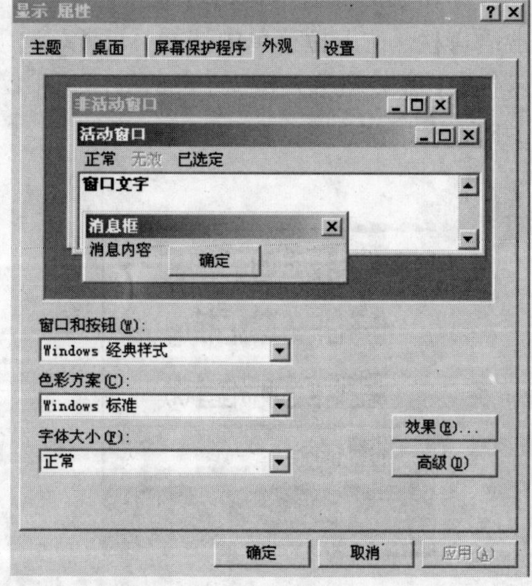

图 1-12

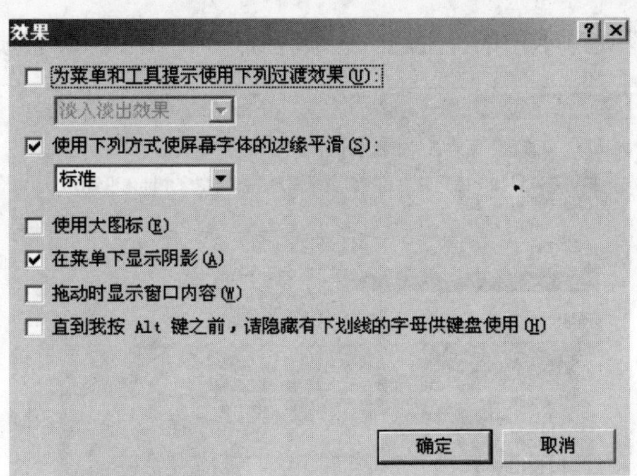

图 1-13

（3）在“显示 属性”对话框中选择“外观”标签，在“外观”选项卡中选择“色彩方案”为“橄榄绿”，“字体大小”选择为“大字体”，最后单击“确定”按钮，如图 1-14 所示。

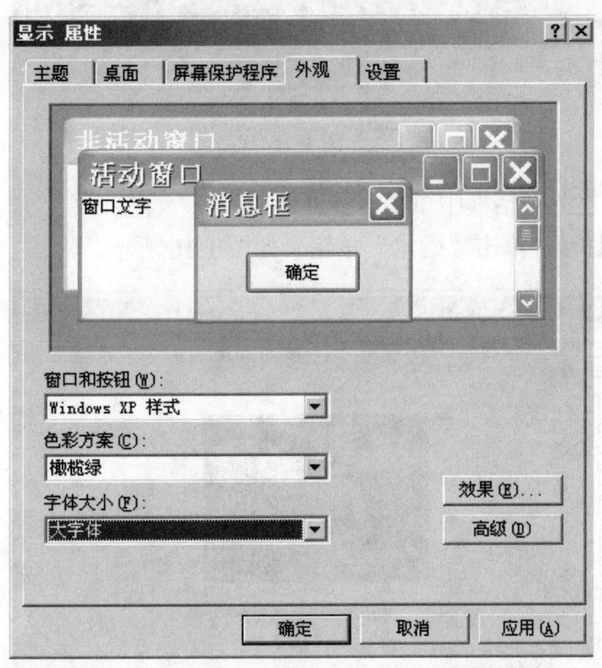

图 1-14

1.4 第 4 题

【操作要求】 利用“显示 属性”对话框将桌面主题改为“Windows 经典”。设置实现屏幕保护后恢复时需要输入的密码。

【例 1-4】

（1）选择右键菜单中的“属性”选项，出现“显示 属性”对话框。在对话框中选择“主题”标签，在“主题”选项卡中的“主题”选项区域选择“Windows 经典”，如图 1-15 所示。

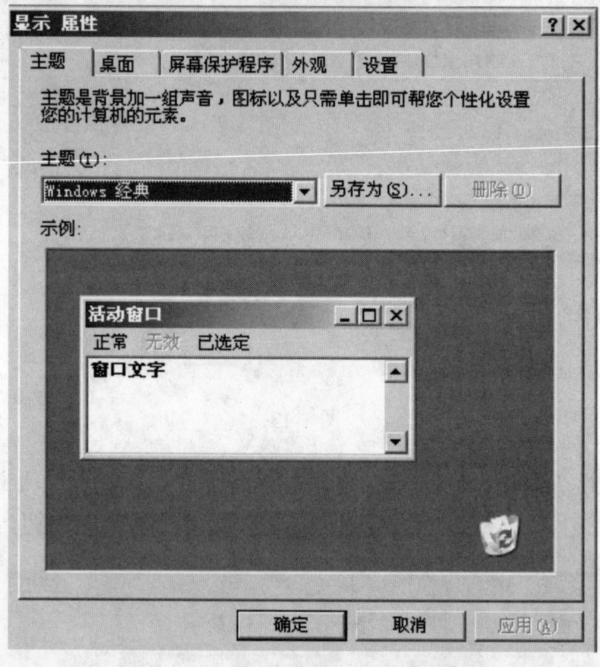

图 1-15

（2）在“显示 属性”对话框中单击“屏幕保护程序”标签，在“屏幕保护程序”中勾选“在恢复时使用密码保护”，单击“确定”按钮，如图 1-16 所示。

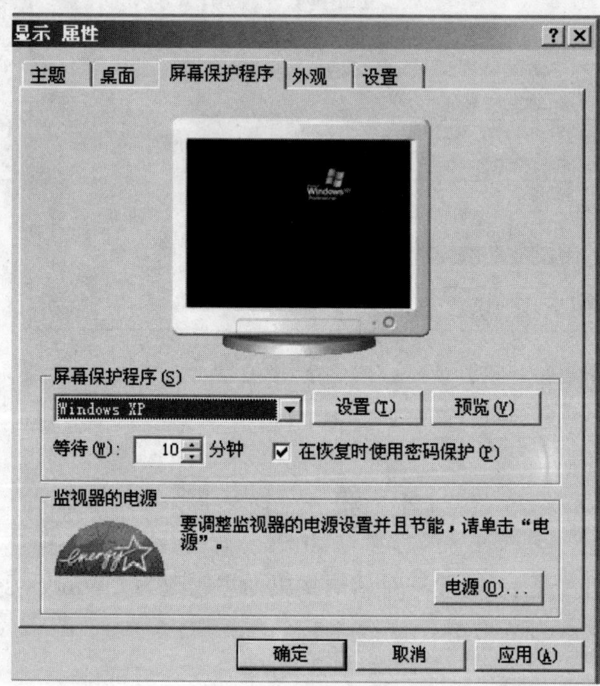

图 1-16

1.5 第 5 题

【操作要求】 在“显示 属性”中设置使得菜单和工具提示以滚动效果过渡。利用“显示属性”将窗口菜单字体改为黑体。设置使用文字“考试中，请勿动！”作为屏幕保护。

【例 1-5】

（1）单击右键菜单中的“属性”，出现“显示 属性”对话框。单击“外观”选项卡中的“效果”按钮，出现“效果”对话框。在“为菜单和工具提示使用下列过渡效果”下拉菜单中选择“滚动效果”，单击“确定”按钮，如图 1-17、图 1-18 所示。

（2）单击“外观”选项卡中的“高级”按钮，弹出“高级外观”对话框。选择“项目”为“菜单”，选择“字体”为“黑体”，单击“确定”按钮，如图 1-19 所示。

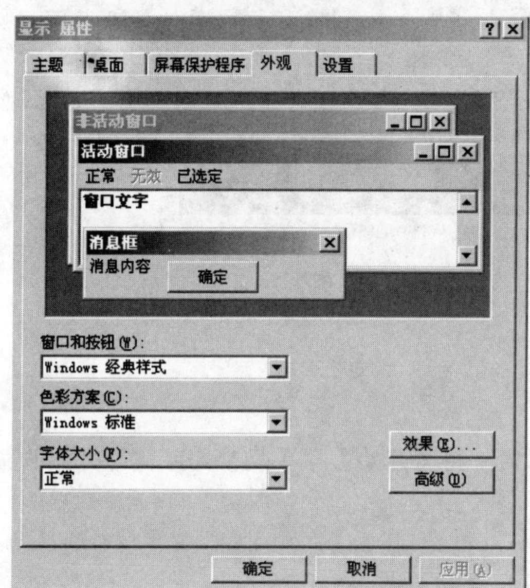

图 1-17

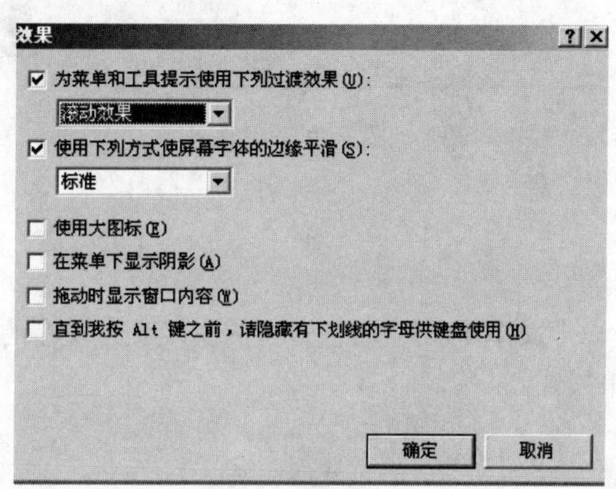

图 1-18

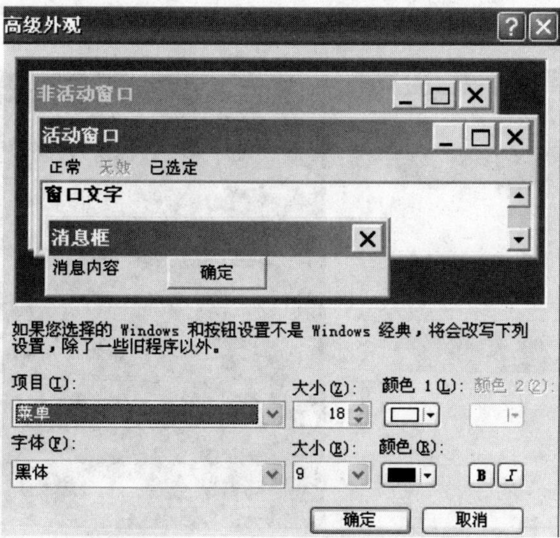

图 1-19

（3）在“显示 属性”对话框中单击“屏幕保护程序”标签，选择“屏幕保护程序”为“字幕”，单击“设置”按钮，出现“字幕设置”对话框，在“文字”文本框中输入“考试中，请勿动!”，单击“确定”按钮，如图 1-20、图 1-21 所示。

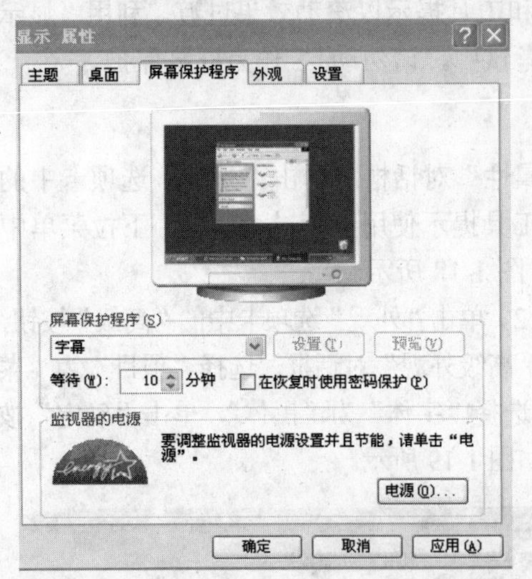

图 1-20

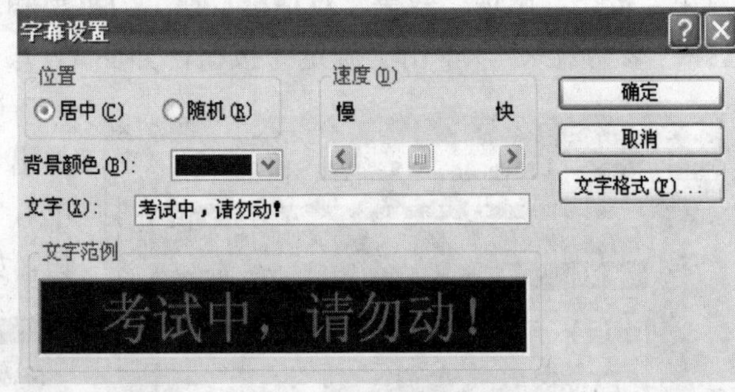

图 1-21

1.6 第 6 题

【操作要求】 将任务栏的宽度变为现在的两倍，将“开始”菜单切换为经典「开始」菜单模式。

【例 1-6】

（1）右键单击“任务栏”，取消勾选“锁定任务栏”复选框。再将鼠标放在“任务栏”的上面一条边，当鼠标变成双箭头时，按住左键向上拖动任务栏，即变成现在的两倍，如图 1-22、图 1-23 所示。

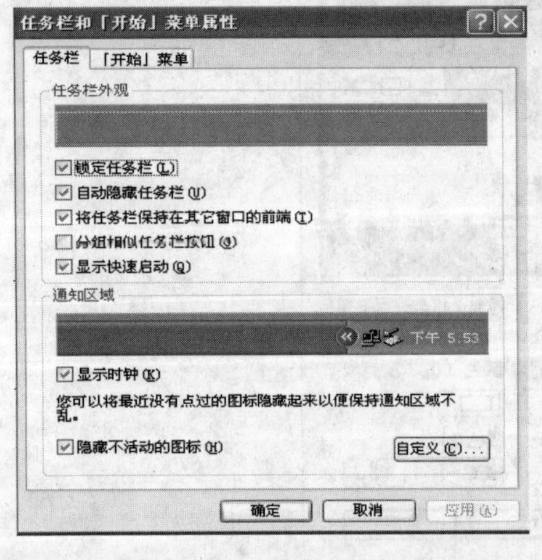

图 1-22

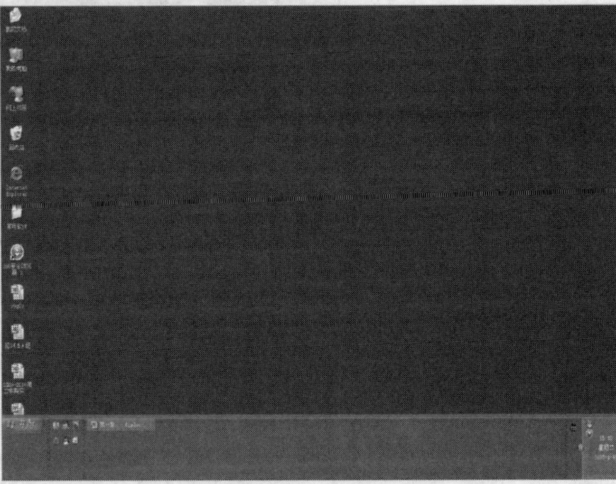

图 1-23

（2）右键单击“任务栏”，在下拉菜单中单击“属性”，出现“任务栏和「开始」菜单属性”对话框。单击“经典「开始」菜单”单选按钮，单击“确定”按钮，如图1-24、图1-25所示。

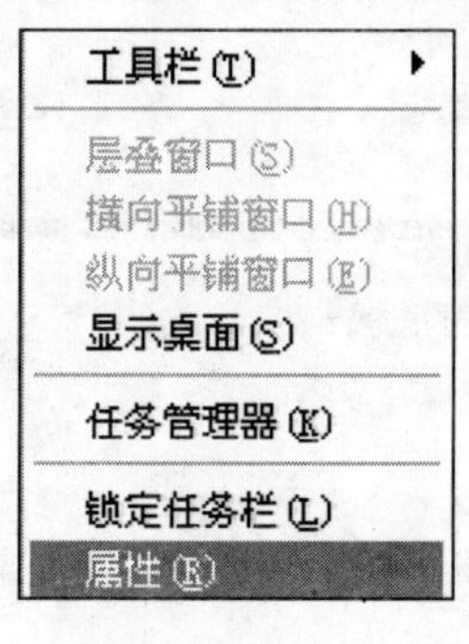

图 1-24

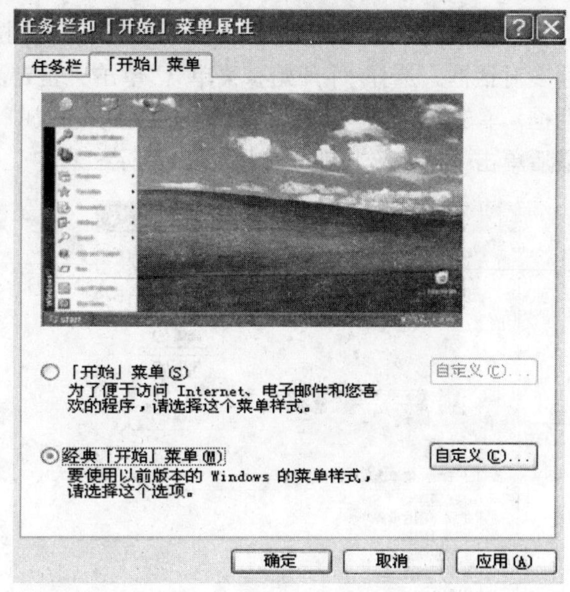

图 1-25

1.7 第 7 题

【操作要求】 在“经典「开始」菜单”模式下快速删除最近访问过的文档、程序和网站记录，而不会对所保存的文档产生影响。在「开始」菜单模式中，「开始」菜单上的程序数目，由系统默认的6个，调整到12个。

【例 1-7】

（1）右键单击“任务栏”，在下拉菜单中单击“属性”，出现“任务栏和「开始」菜单属性”对话框，单击“经典「开始」菜单”单选按钮。单击“自定义”按钮，在“自定义经典「开始」菜单”对话框中单击“清除”按钮，再单击“确定”按钮，如图1-26～图1-28所示。

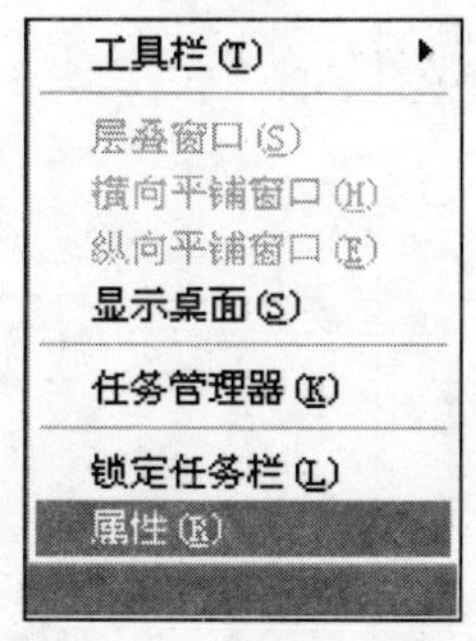

图 1-26

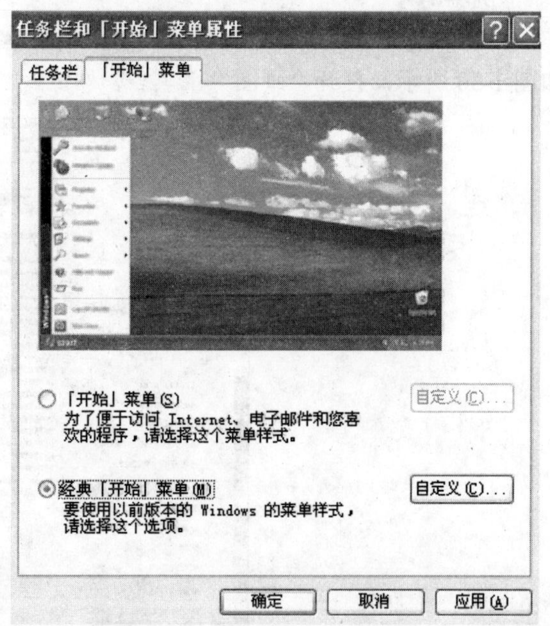

图 1-27

（2）右键单击“任务栏”，在下拉菜单中单击“属性”，出现“任务栏和「开始」菜单属性”对话框。选择“「开始」菜单”，单击“自定义”按钮，出现“自定义「开始」菜单”对话框，单击“常规”标签，在“程序”选项区域中“「开始」菜单上的程序数目”选择为“12”，最后单击“确定”按钮，如图1-29所示。

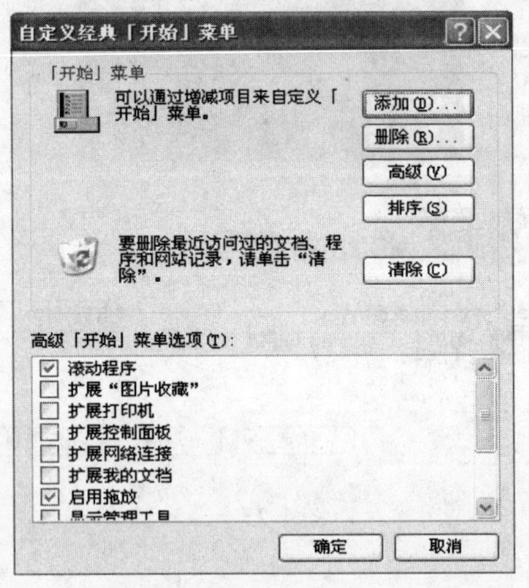

图1-28

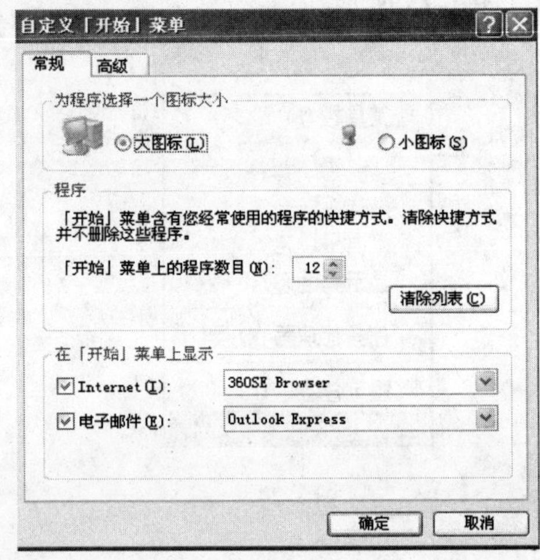

图1-29

1.8 第 8 题

【操作要求】 在“画图”窗口写出“加油”两字，“字体”为“黑体”、“字号”为“72”、“颜色”为“红色”，加粗倾斜。

【例1-8】

（1）单击任务栏“开始”菜单，在级联菜单中选择“程序”→“附件”→“画图”选项，如图1-30所示，打开“画图”工具。

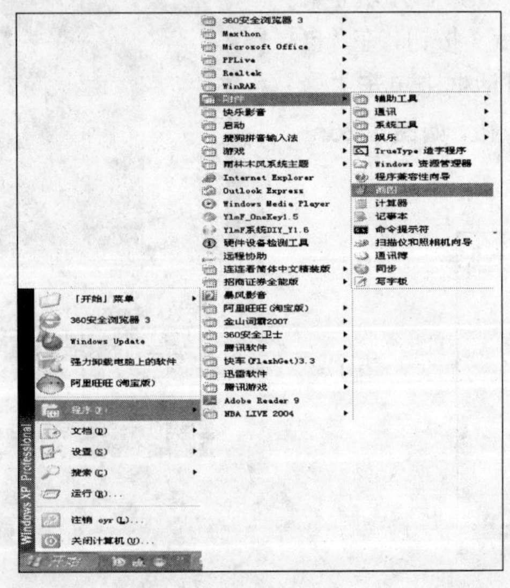

图1-30

（2）先在菜单栏中选择“颜色”选项，在下拉菜单中单击“编辑颜色”，在出现的“编辑颜色”对话框中选择红色，再单击“确定”按钮，如图 1-31 所示。

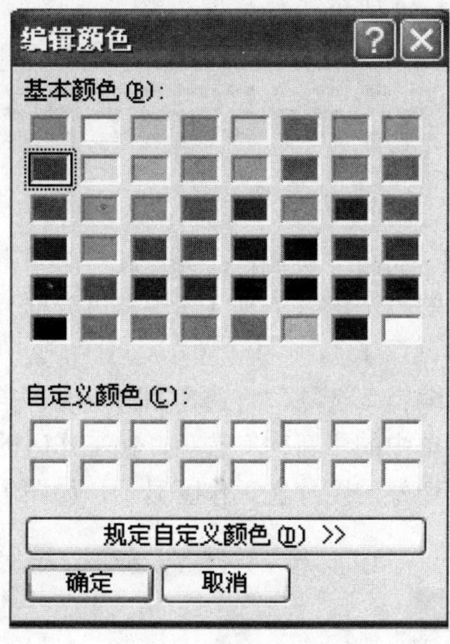

图 1-31

（3）在左上角工具箱中单击“A”，然后在空白处画个框，并在框里写上“加油”。单击“查看”勾选“文字工具栏”，最后“字体”设置为“黑体”、“字号”为“72”并加粗倾斜，如图 1-32 所示。

图 1-32

（4）完成以后效果如图 1-33 所示。

图 1-33

1.9 第 9 题

【操作要求】 捕捉屏幕中的 Internet Explorer 浏览器，连接到新浪网，粘贴到“画图”窗口中，选定图案。

【例 1-9】

（1）左键双击，打开 Internet Explorer 浏览器，在地址栏输入“www.sina.com.cn”，然后按 Enter 键进入新浪网，如图 1-34 所示。

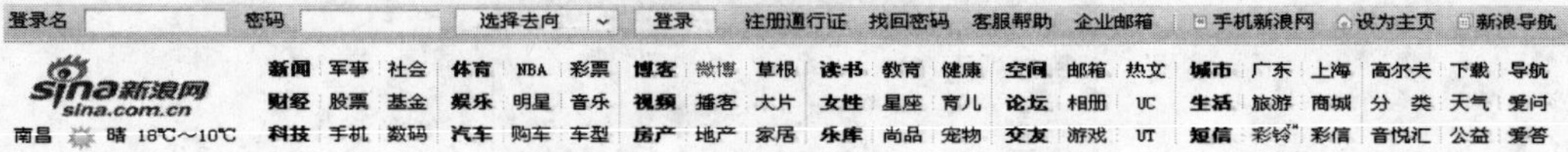

图 1-34

（2）按下 Printer Screen 键，打开“画图”工具。在“编辑”下拉菜单中单击“粘贴”选项。然后单击左侧画图工具栏的“选定”工具（图中白色方框），在图片中选择所要的图案，如图 1-35 所示。

（3）再次单击工具栏的“编辑”选项，将选定图案复制。

（4）选择“文件”下拉菜单中的“新建”选项，在工作区的空白处右键单击，在弹出的菜单中选择“粘贴”选项，剪切好的图片在工作区显示，如图 1-36 所示。

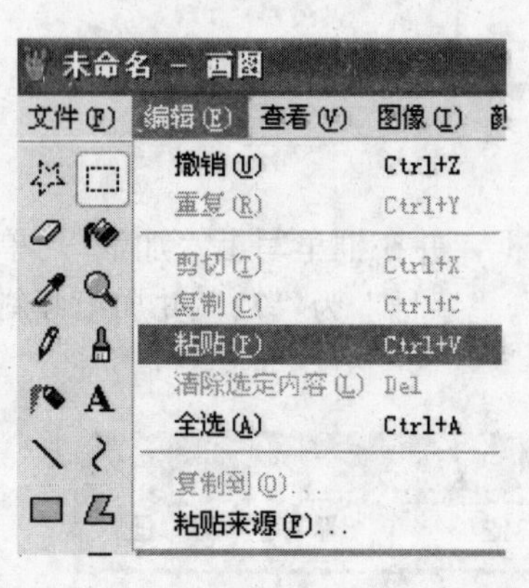

图 1-35

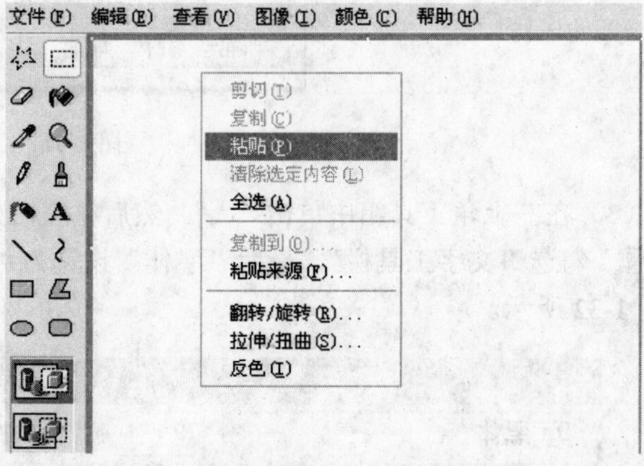

图 1-36

（5）单击“文件”下拉菜单中的“保存”选项，如图 1-37 所示。

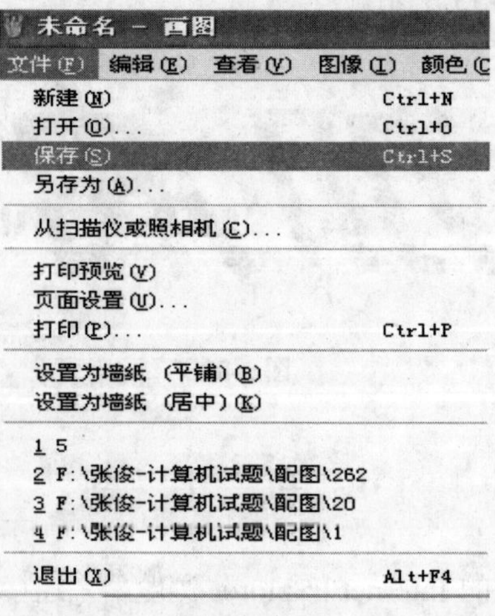

图 1-37

1.10 第 10 题

【操作要求】 使用鼠标使桌面图标“回收站”位于屏幕右下角。设置回收站属性，使得它在本地磁盘C中最大占用的空间为10%。

【例1-10】

（1）右键单击桌面空白处，取消勾选“排列图标”下拉菜单中“自动排列”选项，如图1-38所示。然后直接把回收站的标志拖到屏幕右下角。

（2）右键单击回收站选择“属性”选项，打开“回收站 属性”对话框，单击“全局”标签。将光标拖动到10%位置，单击“确定”按钮，如图1-39所示。

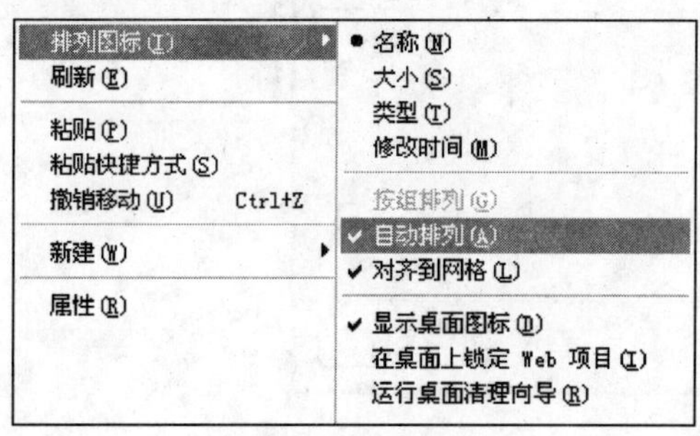

图1-38

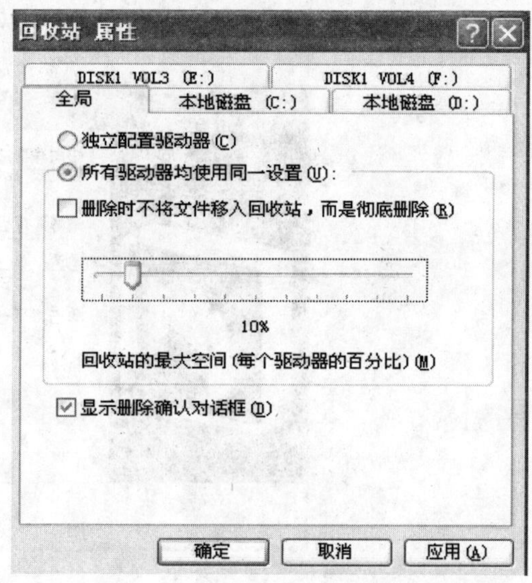

图1-39

1.11 第 11 题

【操作要求】 在桌面上新建快捷方式，指向位于C:\Program Files文件夹下的Microsoft Office。

【例1-11】

（1）在桌面上单击鼠标右键，在下拉菜单中的“新建”下选择“快捷方式”，如图1-40所示。

（2）弹出“创建快捷方式”对话框，在“请键入项目的位置”文本输入框中单击“浏览”按钮，如图1-41所示。

（3）在“浏览文件夹”对话框中双击C盘，然后打开Program Files文件夹，找到Microsoft Office文件夹，如图1-42、图1-43所示。

（4）选中Microsoft Office文件夹，单击“确定”→“完成”按钮，如图1-44所示。

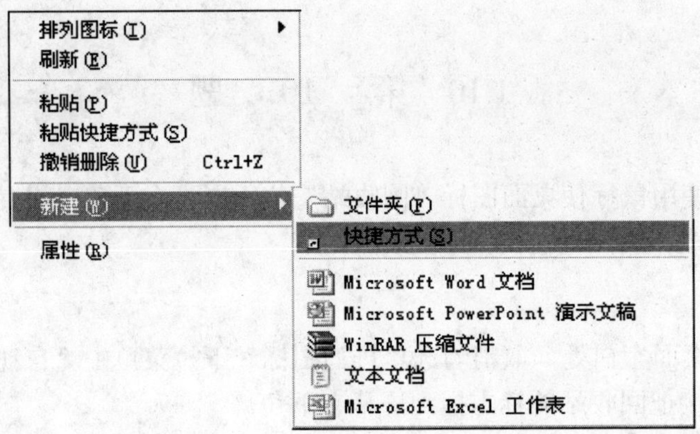

图 1-40

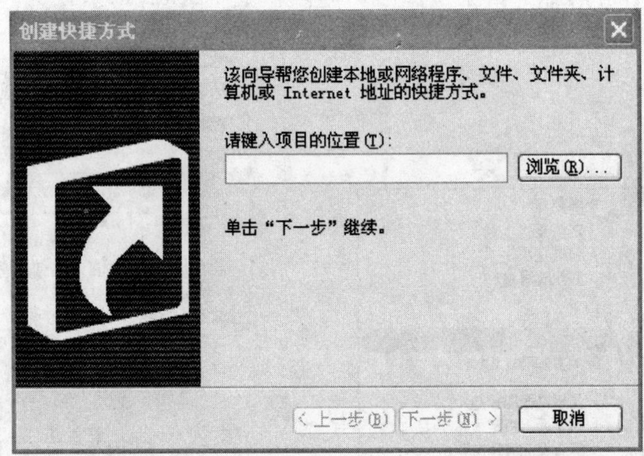

图 1-41

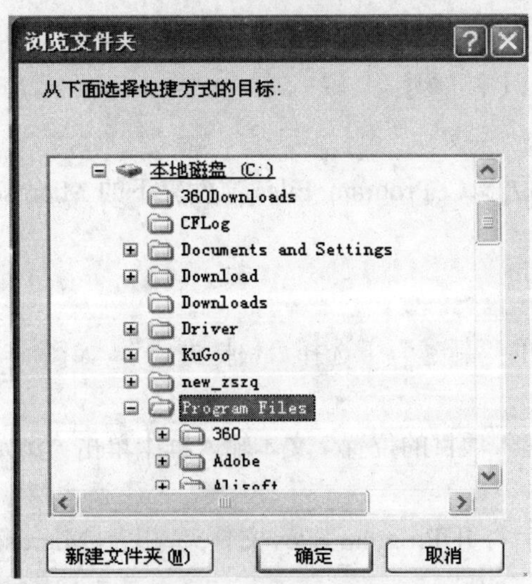

图 1-42

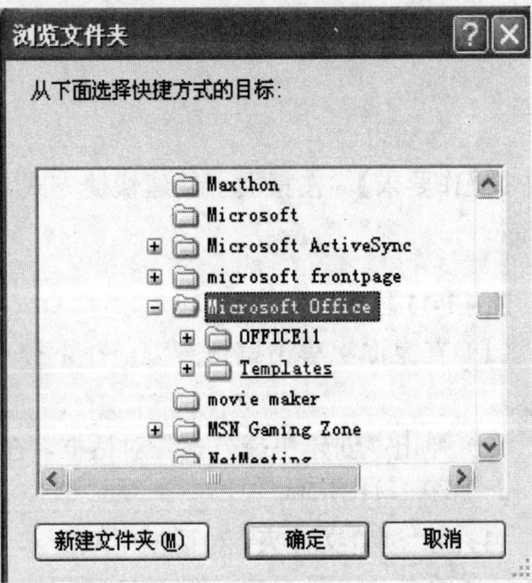

图 1-43

图 1-44

1.12 第 12 题

【操作要求】 通过"文件夹选项"的设置实现在文件夹中显示常见任务。显示已知文件类型的扩展名。通过"文件夹选项"的设置使隐藏的文件夹也可见。

【例 1-12】

（1）单击"开始"菜单，在"设置"级联菜单中选择"控制面板"选项，如图 1-45 所示。

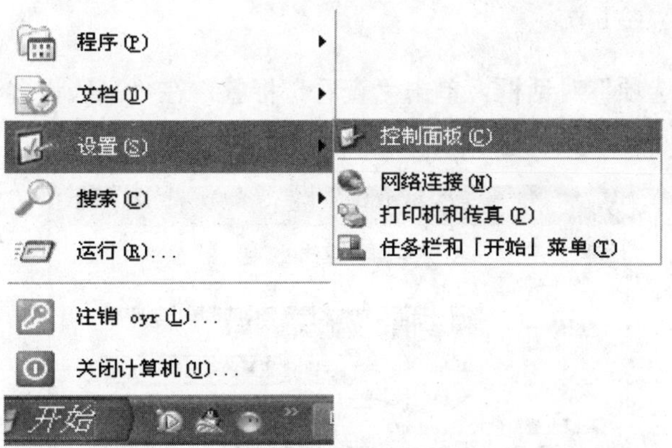

图 1-45

（2）在控制面板的工具栏里单击"工具"下拉菜单的"文件夹选项"，如图 1-46 所示。

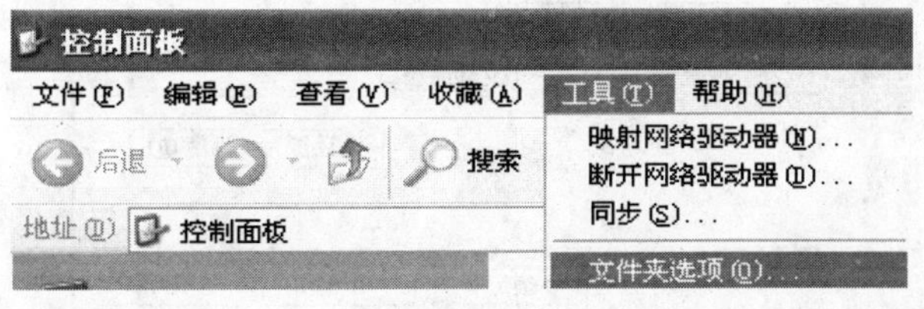

图 1-46

（3）在“文件夹选项”对话框中，单击“常规”对话框，选择“在文件夹中显示常见任务”单选按钮，单击“确定”按钮，如图 1-47 所示。

（4）在“文件夹选项”对话框中，单击“查看”标签，在“高级设置”选项区域中，取消勾选“隐藏已知文件类型的扩展名”，单击“确定”按钮，如图 1-48 所示。

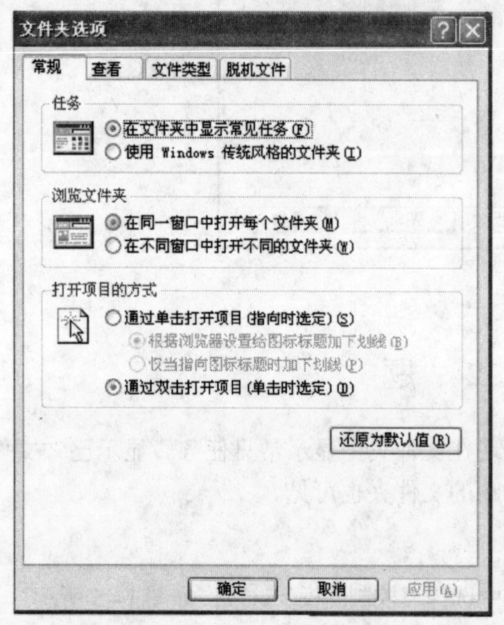

图 1-47

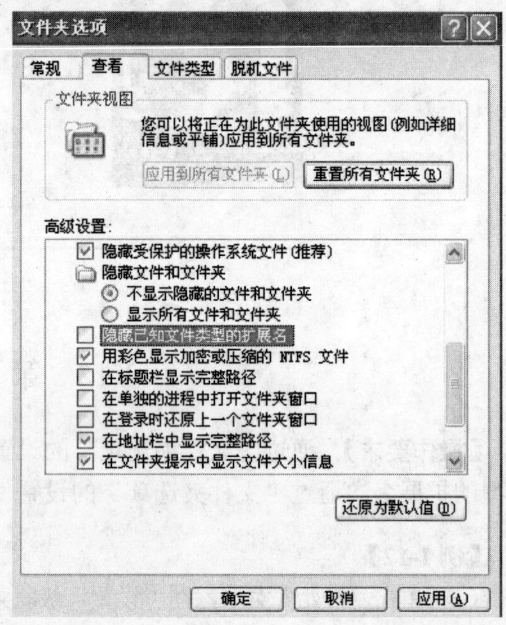

图 1-48

（5）在“文件夹选项”对话框，单击“查看”标签，在“高级设置”选项区域中，选中“显示所有文件和文件夹”，单击“确定”按钮，如图 1-49 所示。

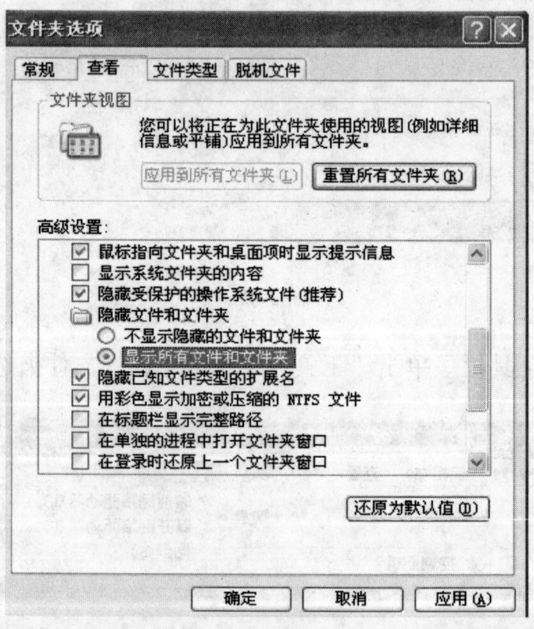

图 1-49

1.13 第 13 题

【操作要求】 在本地计算机上添加一台打印机，将其设置为“共享打印机”。

【例 1-13】

（1）单击“开始”菜单在“设置”菜单中单击“控制面板”，如图 1-50 所示。

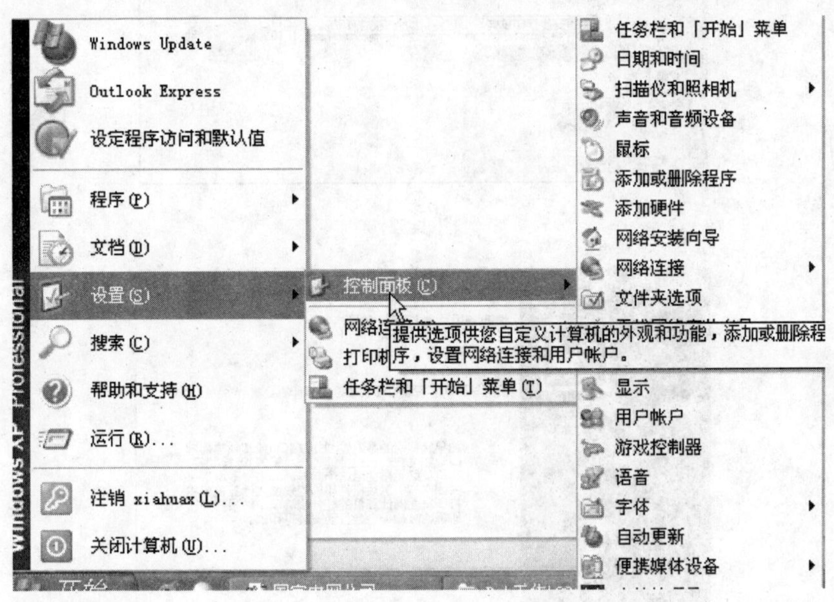

图 1-50

（2）在“控制面板”中双击“打印机和传真”，得到如图 1-51 所示的界面。

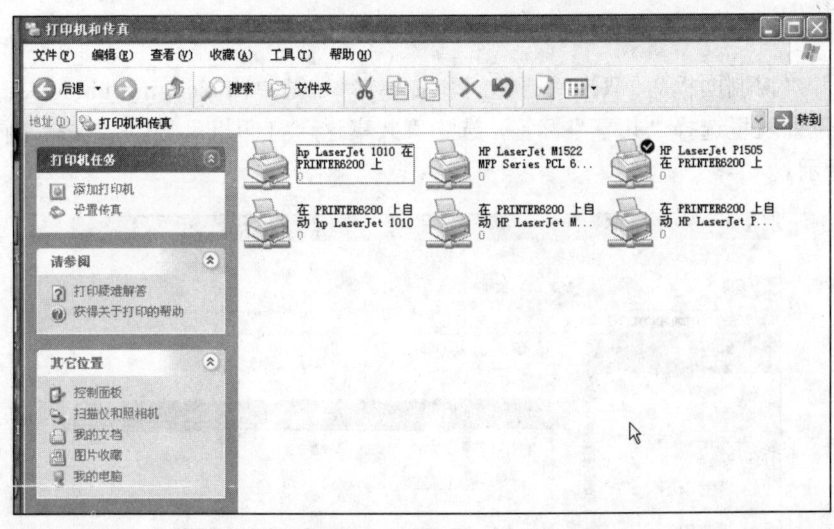

图 1-51

（3）在“打印机和传真”窗口中左边的“打印机任务”下拉列表中单击“添加打印机”，

出现“添加打印机向导”对话框，单击“下一步”按钮直到添加完成，如图 1-52、图 1-53 所示。

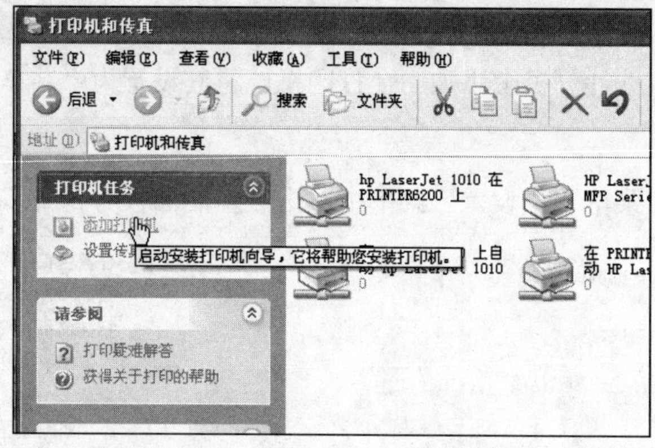

图 1-52

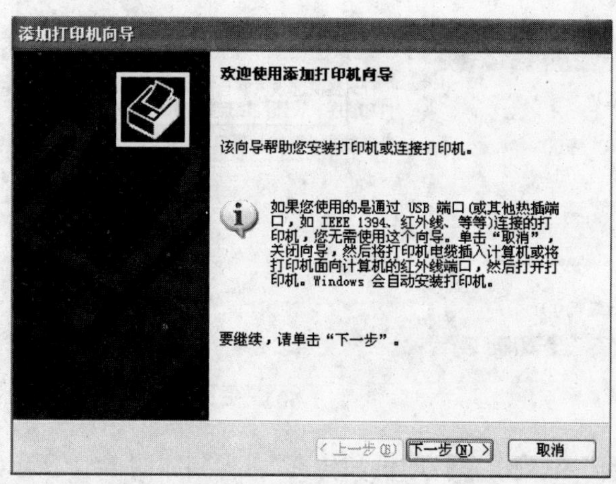

图 1-53

（4）打开“控制面板”，双击“打印机和传真”，右键单击 Canon Bubble-Jet BJ-300 打印机，在下拉列表里选择“共享”标签，选中“共享这台打印机”，然后单击“确定”按钮，如图 1-54 所示。

图 1-54

1.14 第 14 题

【操作要求】 去掉“我的电脑”窗口中的“显示地址栏”。在桌面建立一个“只读文件夹”，将桌面上名为“只读文件夹”及其子文件夹中的文件设置为只读。将“添加和删除程序”的列表按照上次使用日期排列。

【例 1-14】

（1）双击“我的电脑”，单击工具栏的“查看”下拉菜单中的“工具栏”，在级联菜单中取消勾选“地址栏”，如图 1-55 所示。

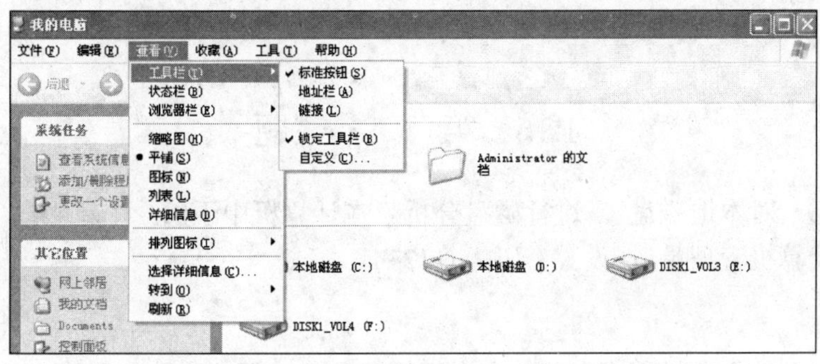

图 1-55

（2）在桌面上新建文件夹，双击将其打开，新建立一个子文件夹。然后返回到桌面，右键单击桌面上新建文件夹，在下拉菜单单击“属性”选项，勾选“只读”复选框，单击“确定”按钮，弹出“确认属性更改”对话框，选中“将更改应用于该文件夹、子文件夹和文件”单选按钮，单击“确定”按钮，如图 1-56、图 1-57 所示。

（3）双击“我的电脑”，在“系统任务选项”中单击“添加或删除程序”选项。打开后在右上角列表处“排序方式”下拉菜单中，选择按照“上次使用日期”排列即可，如图 1-58 所示。

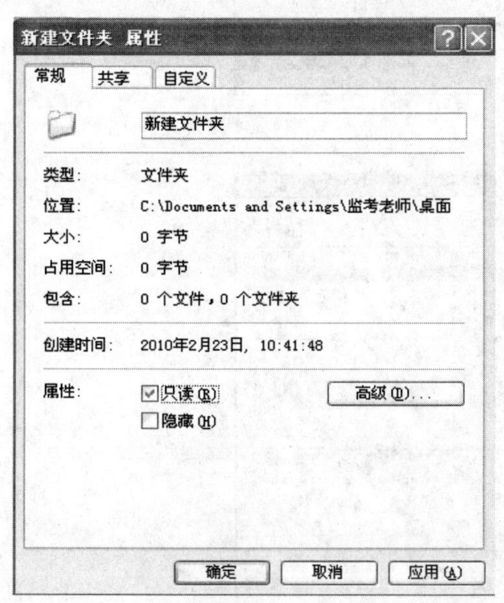

图 1-56

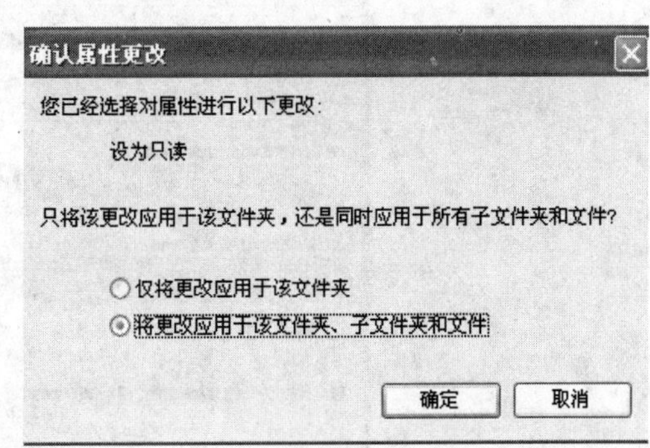

图 1-57

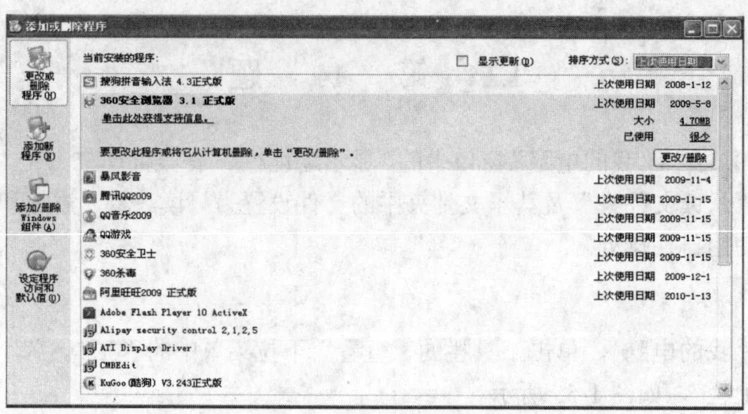

图 1-58

1.15 第 15 题

【**操作要求**】 对本地磁盘 C 进行磁盘分析。在计算机中添加一个新账户“监考教师”，账户类型为“计算机管理员”，设置密码为“1234”。

【**例 1-15**】

（1）单击“开始”→“程序”菜单，在级联菜单中选择“附件—系统工具—磁盘碎片整理程序”，弹出“磁盘碎片整理程序”窗口，选中 C 盘，单击“分析”按钮，如图 1-59、图 1-60 所示。

图 1-59

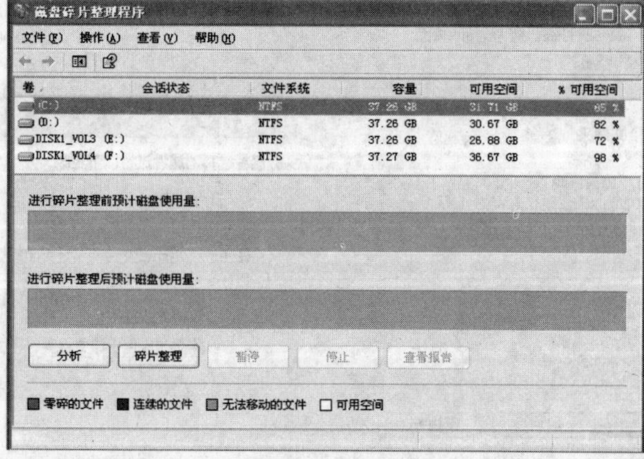

图 1-60

（2）单击“开始”→“设置”→“控制面板”，打开“控制面板”窗口，在工作区双击“用户账户”。出现“用户账户”窗口，单击“创建一个新账户”，出现“用户账户”窗口。在“为新账户键入一个名称”文本输入框中输入“监考教师”，单击“下一步”按钮，如图1-61所示。

（3）选择账户类型为“计算机管理员”，单击“创建账户”，如图1-62所示。

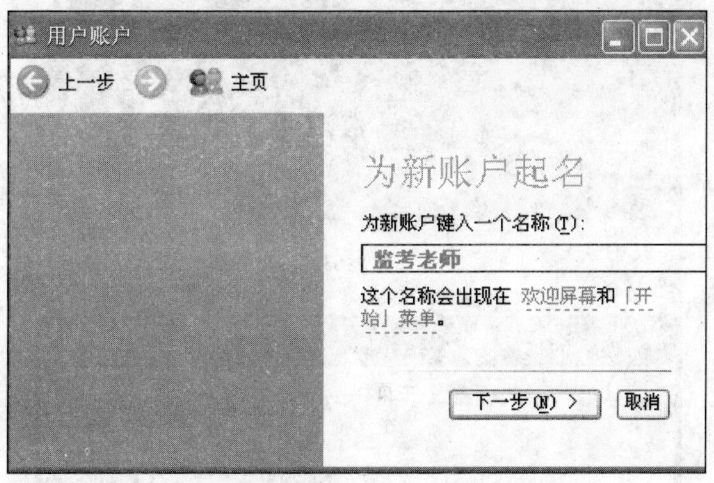

图1-61

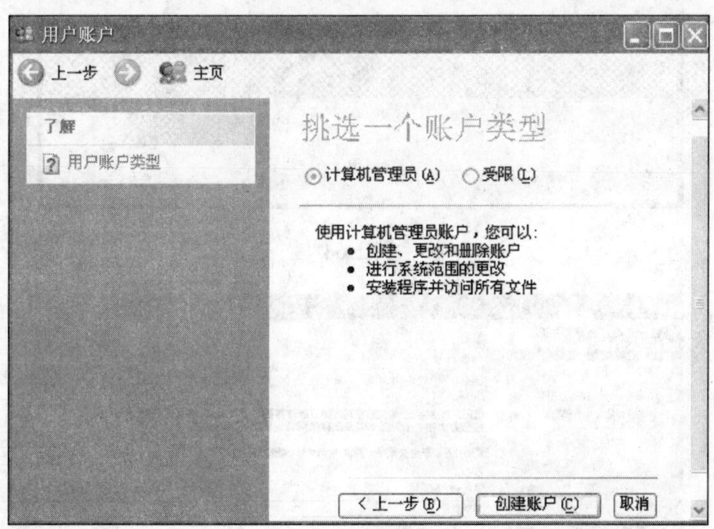

图1-62

（4）单击“开始”→“设置”→“控制面板”，打开“控制面板”窗口，在工作区双击“用户账户”。出现“用户账户”窗口，单击账户“监考教师”。在出现的窗口中单击“创建密码”，如图1-63、图1-64所示。

（5）在“为监考老师的账户创建一个密码”的工作区域输入密码“1234”，单击“创建密码”按钮，如图1-65所示。

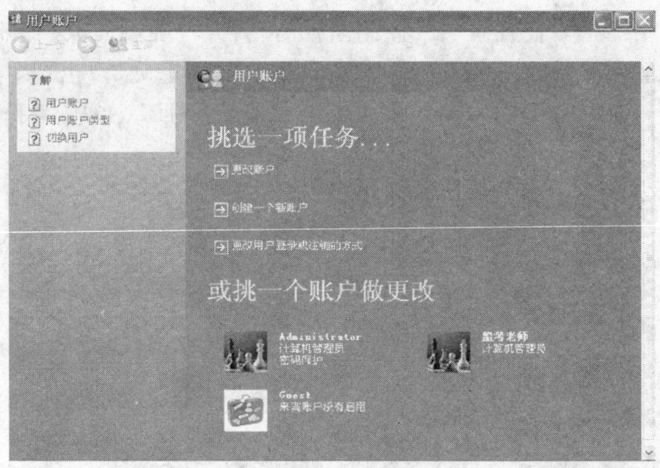

图 1-63

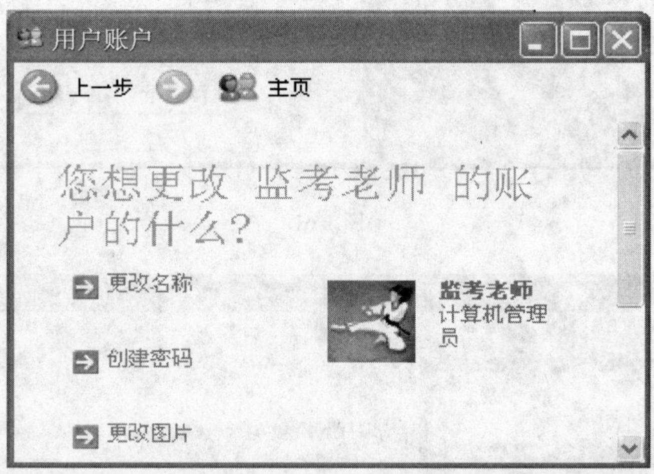

图 1-64

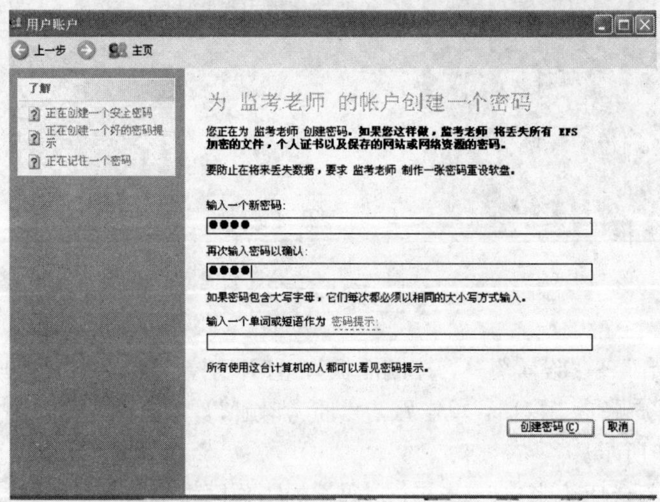

图 1-65

1.16 第 16 题

【操作要求】江西电力职业技术学院主页为 http://www.dlzy.jx.sgcc.com.cn/，打开此主页，浏览“教学管理”页面，将“专业系部”的页面内容，以文本文件的格式保存到D盘的“张三”的文件夹，新建文件重命名为“专业系部介绍”。

【例 1-16】

（1）双击 Internet Explorer”浏览器，在窗口的地址栏输入“http://www.dlzy.jx.sgcc.com.cn/”，打开江西电力职业技术学院主页，如图 1-66 所示。单击“教学管理”→“专业系部”，如图 1-67 所示。

图 1-66

图 1-67

（2）在网页菜单栏上单击“文件”，在下拉菜单中选择“保存”按钮，如图 1-68 所示。

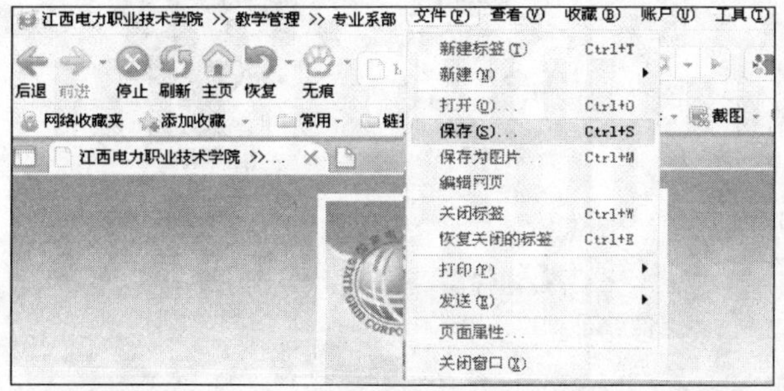

图 1-68

（3）打开“保存网页”窗口，在下拉地址选项栏找到本地磁盘 D 盘，单击“张三”文件夹，以文本文件的格式保存，新建文件重命名为“专业系部介绍”。最后单击“保存”按钮即可，如图 1-69 所示。

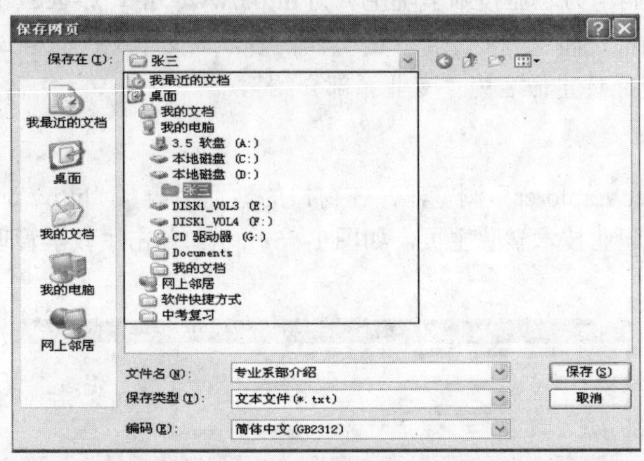

图 1-69

1.17 第 17 题

【操作要求】 用 Outlook Express 向电力小区物业管理部门发一个 E-mail，反映自来水漏水问题。具体如下：收件人 DlwyGL@sunshine.com.nc.cn，抄送主题：自来水漏水，函件内容：“小区管理负责同志：本人看到小区北门草坪中的自来水管漏水已有几天，无人处理，请你们及时修理，免得造成更大的浪费。”

【例 1-17】

（1）单击“开始”→“程序”，在下拉菜单中单击 Outlook Express，打开 Outlook Express 窗口，如图 1-70 所示。

（2）在 Outlook Express 窗口的工具栏单击“创建邮件”，如图 1-71 所示。

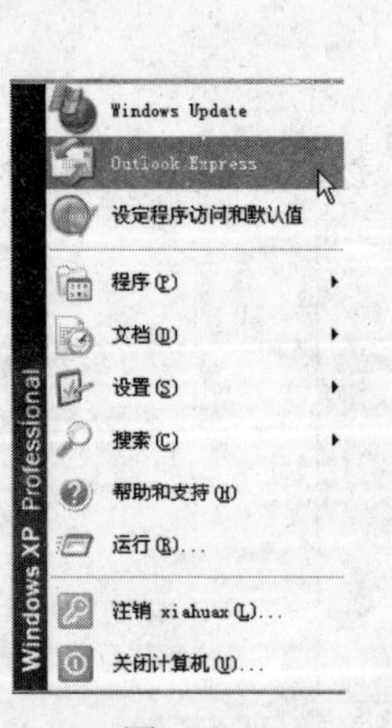

图 1-70

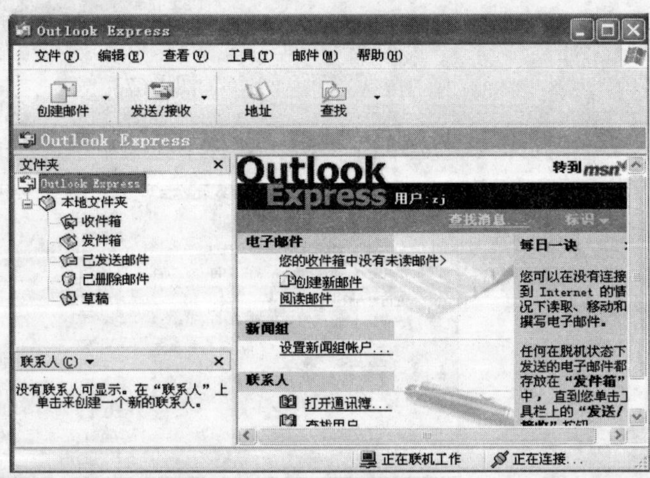

图 1-71

（3）在“新邮件”窗口填好以下内容：发件人 zhangsan@163.com，收件人 DlwyGL@sunshine.com.nc.cn，主题：自来水漏水，邮件内容：“小区管理负责同志：本人看到小区北门草坪中的自来水管漏水已有几天，无人处理，请你们及时修理，免得造成更大的浪费。”单击“发送”按钮，如图 1-72 所示。

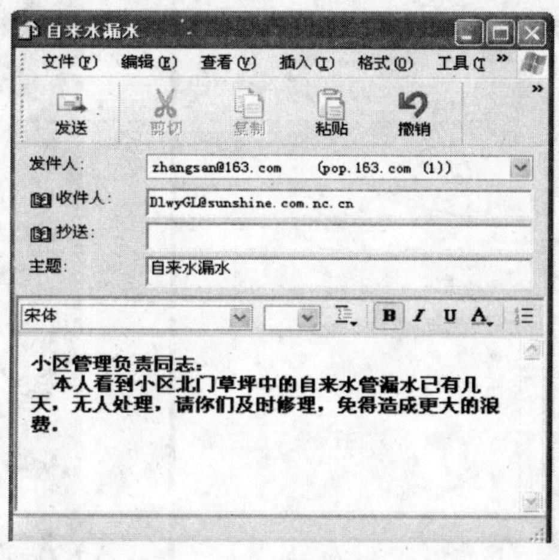

图 1-72

1.18 第 18 题

【操作要求】 设置属性，使文件夹在删除操作之后彻底清除，不再经过回收站。利用鼠标将回收站中的文件夹“考试”转移到“我的文档”中。

【例 1-18】

（1）单击“回收站”，单击下拉菜单中的“属性”选项，如图 1-73 所示。

（2）打开“回收站属性”对话框，勾选“删除时不将文件移入回收站，而是彻底删除”，最后单击“确定”按钮，如图 1-74 所示。

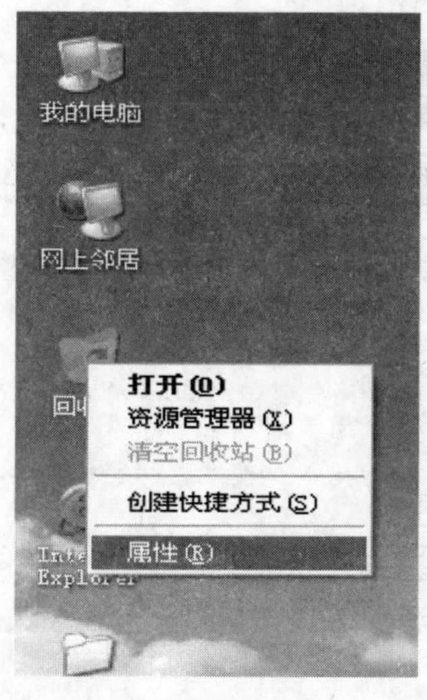

图 1-73

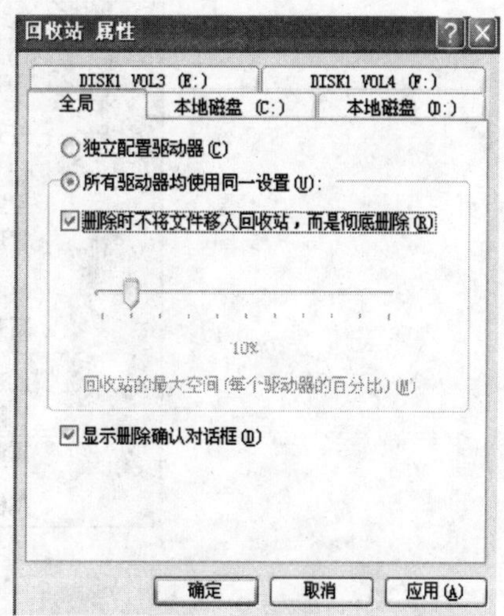

图 1-74

（3）双击“回收站”，打开窗口，拖动回收站中的“考试”文件夹到“我的文档”中即可，如图 1-75、图 1-76 所示。

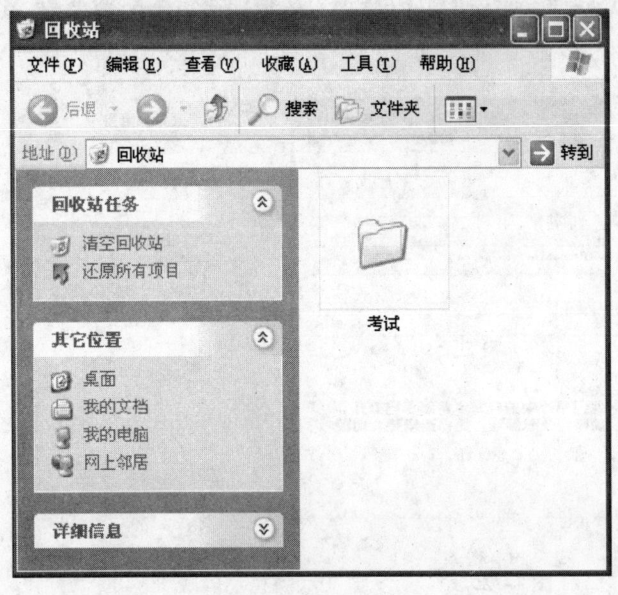

图 1-75

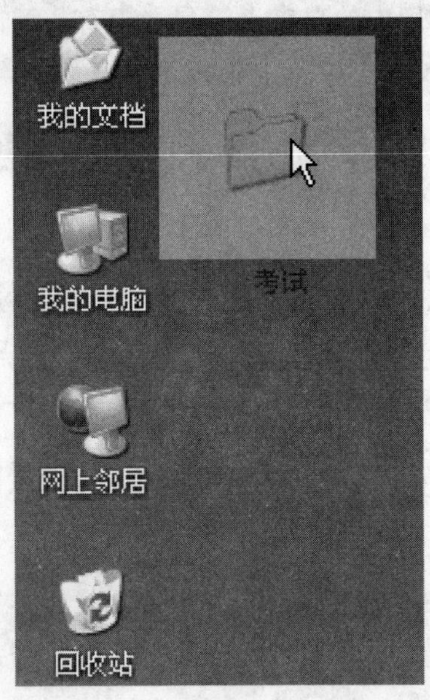

图 1-76

1.19 第 19 题

【操作要求】 利用“资源管理器”，将可移动磁盘快速格式化。

【例 1-19】

（1）在桌面上右键单击“我的电脑”，在右键下拉菜单中选择“资源管理器”，如图 1-77 所示。

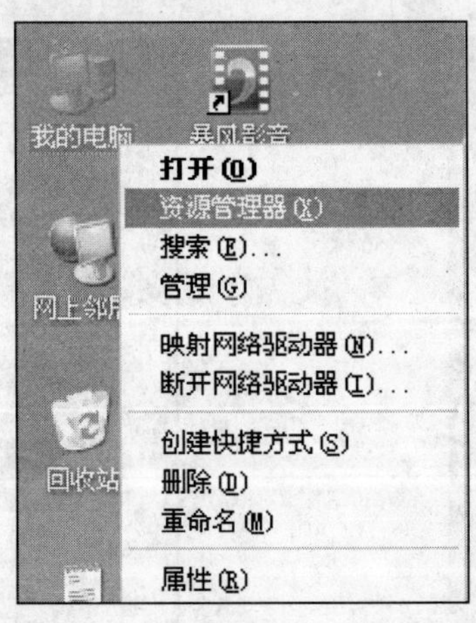

图 1-77

（2）选中“可移动磁盘”，在右键下拉菜单中单击“格式化”选项，如图 1-78 所示。

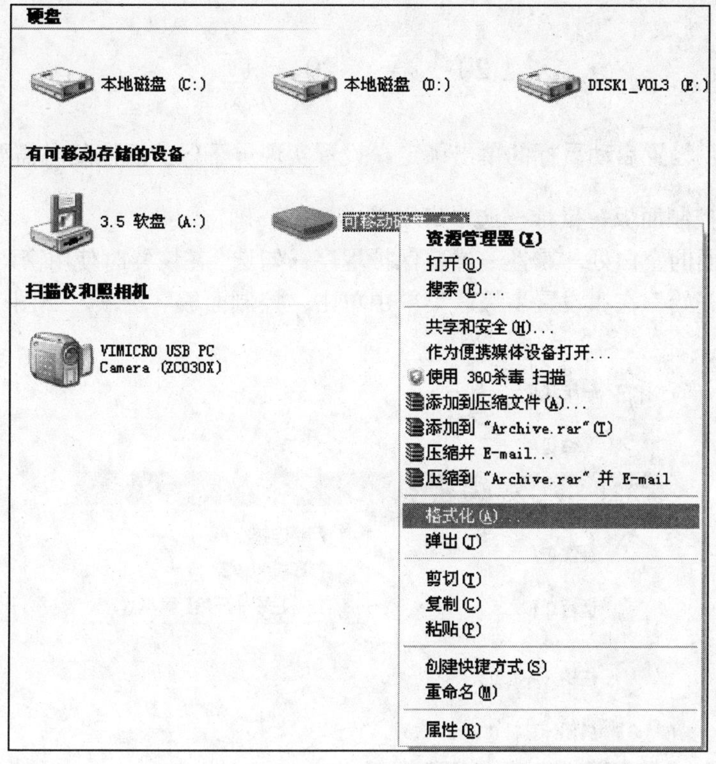

图 1-78

（3）弹出“格式化”对话框，勾选“快速格式化”，单击“开始”按钮，完成后关闭，如图 1-79 所示。

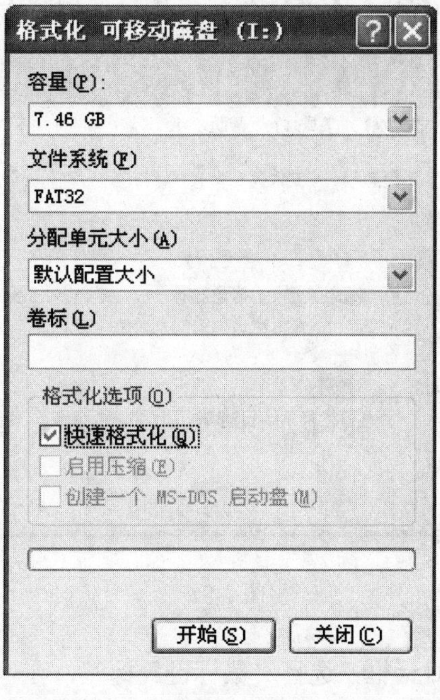

图 1-79

1.20 第 20 题

【**操作要求**】 设置启动鼠标的单击锁定。设置实现屏幕保护后恢复时需要输入密码。

【**例 1-20**】 控制面板→鼠标→选中启用单击锁定→确定。

右键单击桌面的空白处→属性→屏幕保护程序→勾选“在恢复时使用密码保护”→确定。

（1）单击“开始”在“设置”级联菜单中单击“控制面板”选项，如图 1-80 所示。

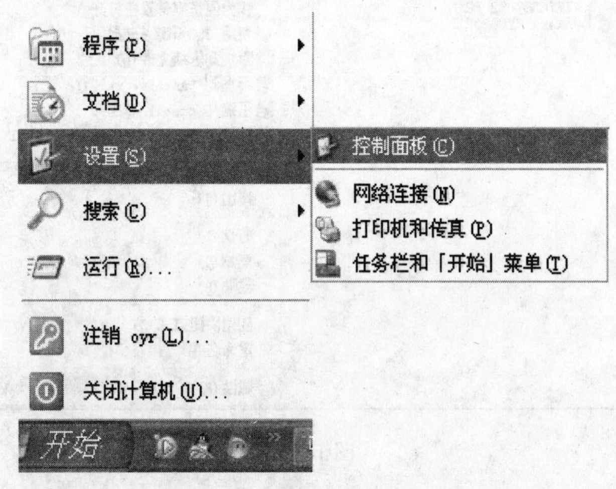

图 1-80

（2）在“控制面板”对话框中，双击“鼠标”图标，如图 1-81 所示。

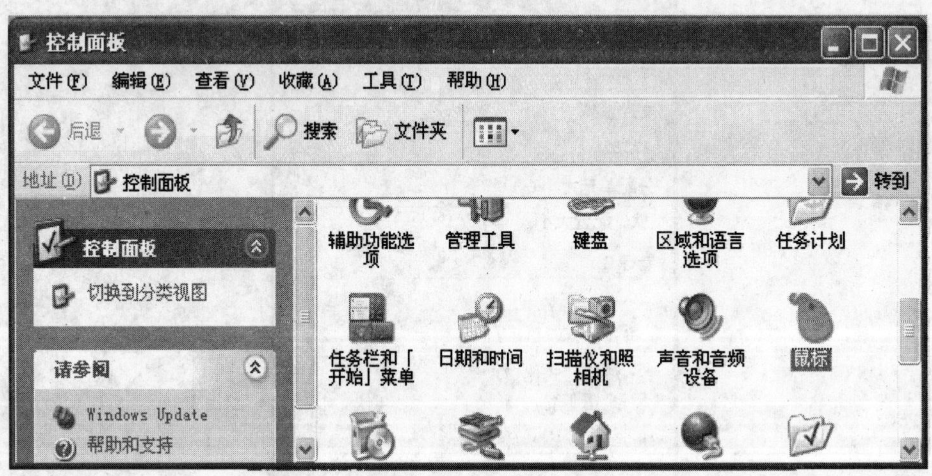

图 1-81

（3）弹出“鼠标 属性”对话框，选择“鼠标键”标签，在“单击锁定”选项区域中勾选“启用单击锁定”复选框，最后单击“确定”按钮，如图 1-82 所示。

鼠标 属性
鼠标键
指针
指针选项
轮
硬件
鼠标键配置
切换主要和次要的按钮(S)
选择此复选框来将右按钮设成用于主要性能如选择和拖放之用。
双击速度
双击文件夹以检测您的设置。如果文件夹没打开或关闭，请用慢一点的设置再试一次。
速度(D): 慢
快
单击锁定
启用单击锁定(T)
设置(E)...
使您可以不用一直按着鼠标按钮就可以突出显示或拖拽。要设置，请按下鼠标按钮。要放开请再单击鼠标按钮。
确定
取消
应用(A)

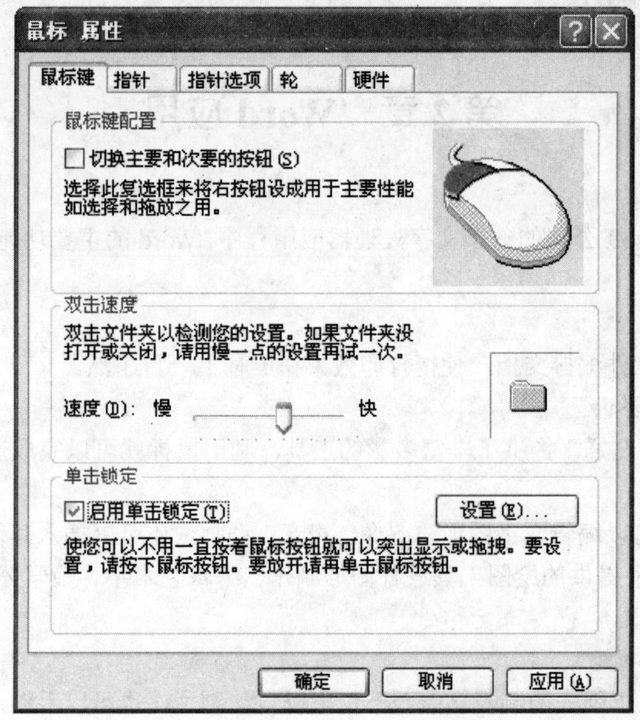

图 1-82

第 2 章　Word 应用

Word 是 Microsoft 公司的一个文字处理器应用程序。Word 的主要功能与特点可以概括为如下几点。

1. 所见即所得

用户用 Word 软件编排文档，使得打印效果在屏幕上一目了然。

2. 直观的操作界面

Word 软件界面友好，提供了丰富多彩的工具，利用鼠标就可以完成选择、排版等操作。

3. 多媒体混排

用 Word 软件可以编辑文字图形、图像、声音、动画，还可以插入其他软件制作的信息，也可以用 Word 软件提供的绘图工具进行图形制作、编辑艺术字、数学公式，能够满足用户的各种文档处理要求。

4. 强大的制表功能

Word 软件提供了强大的制表功能，不仅可以自动制表，也可以手动制表。Word 的表格线自动保护，表格中的数据可以自动计算，表格还可以进行各种修饰。在 Word 软件中，还可以直接插入电子表格。用 Word 软件制作表格，既轻松又美观，既快捷又方便。

5. 自动功能

Word 软件提供了拼写和语法检查功能，提高了英文文章编辑的正确性，如果发现语法错误或拼写错误，Word 软件还提供修正的建议。当用 Word 软件编辑好文档后，Word 可以帮助用户自动编写摘要，为用户节省了大量的时间。自动更正功能为用户输入同样的字符提供了很好的帮助，用户可以自己定义字符的输入，当用户要输入同样的若干字符时，可以定义一个字母来代替，尤其在汉字输入时，该功能使用户的输入速度大幅度提高。

6. 模板与向导功能

Word 软件提供了大量且丰富的模板，使用户在编辑某一类文档时，能很快建立相应的格式，而且，Word 软件允许用户自己定义模板，为用户建立特殊需要的文档提供了高效而快捷的方法。

2.1　第　1　题

【操作要求】

（1）在"D:\"下，以用户名为文件名新建一个文件夹，将此文件夹的属性改为"只读"。

（2）在 Word 中录入"原文"中的文字，并以"2-1"为文件名保存到上一步创建的文件夹中，扩展名默认。

（3）标题设置：一号、红色、楷体、居中。

（4）将正文各段文字设置为小四号仿宋、首行缩进 2 个字符，行距设为 13 磅。

（5）将正文第四段（即"成绩的认定、保留"）设置为黑体，加粗，二号，深红，2 倍行距。

（6）设置段落间距：标题段前、段后各 1 行，正文第一、第二段，段前、段后各 0.5 行。

（7）将文档中所有的“计算机”替换为“Computer”。

【原文】

全国计算机等级考试简介

全国计算机等级考试（简称 NCRE）是由教育部考试中心主办，面向社会，用于考查应试人员计算机应用知识与能力的全国性计算机水平考试体系。其目的在于以考促学，向社会推广和普及计算机知识，促进计算机知识与技术的推广应用，为应试者提供计算机应用知识与能力的证明，也为用人部门录用和考核工作人员提供一个统一、客观、公正的标准。

开考级别：一级 B、二级 WPS Office、二级 Visual Basic、二级 Visual Foxpro、二级 Java、二级 C、二级 Access、二级 C++、三级 Personal Computer 技术、三级信息管理技术、三级网络技术、三级数据库、四级网络工程师等，考核计算机应用项目或应用系统的分析与设计的必备能力。

成绩的认定、保留

凡报考 NCRE，一级 B，一、二、三、四级笔试和上机考试成绩合格者，教育部考试中心颁发合格证书，笔试和上机考试成绩均为“优秀”的考生，证书上会注明“优秀”的字样。一级 B 类的合格证书上会注明“一级 B”字样。证书用中英两种文字书写，全国统一编号，并印有持有人身份证号码及相片，全国通用。笔试和上机只有一门合格的，下次考试该门成绩保留。

目前，到北京、上海等沿海地区就业的高校毕业生，需凭 NCRE 二级以上证书，方可签就业合同。

【样文】

如图 2-1 所示。

全国计算机等级考试简介

全国Computer等级考试（简称 NCRF）是由教育部考试中心主办，面向社会，用于考查应试人员Computer应用知识与能力的全国性Computer水平考试体系。其目的在于以考促学，向社会推广和普及Computer知识，促进Computer知识与技术的推广应用，为应试者提供Computer应用知识与能力的证明，也为用人部门录用和考核工作人员提供一个统一、客观、公正的标准。

开考级别：一级B、二级WPS Office、二级Visual Basic、二级 Visual Foxpro、二级JAVA、二级C、二级Access、二级C++、三级Personal Computer技术、三级信息管理技术、三级网络技术、三级数据库、四级网络工程师等，考核Computer应用项目或应用系统的分析与设计的必备能力。

成绩的认定、保留

凡报考NCRE，一级B，一、二、三、四级笔试和上机考试成绩合格者，教育部考试中心颁发合格证书，笔试和上机考试成绩均为“优秀”的考生，证书上会注明“优秀”的字样。一级B类的合格证书上会注明“一级B”字样。证书用中英两种文字书写，全国统一编号，并印有持有人身份证号码及相片，全国通用。笔试和上机只有一门合格的，下次考试该门成绩保留。

目前，到北京、上海等沿海地区就业的高校毕业生，需凭NCRE二级以上证书，方可签就业合同。

图 2-1

2.2 第 2 题

【操作要求】

（1）在“D:\”下，以用户名为文件名新建一个文件夹，将此文件夹的属性改为“只读”。

（2）在 Word 中原样录入原文中的文字，并以“2-2”为文件名保存到上一步创建的文件夹中，扩展名默认。

（3）设置页面格式：A4 纸；纵向；上、下页边距为 2.15cm；左、右页边距为 3.07 cm。

（4）标题格式：二号，隶书，绿色，加粗，居中。

（5）为标题添加底纹，底纹效果（灰色－10%）。

（6）将正文各段文字设置为小四号黑体，行距设为 15 磅。

（7）为正文各段设置如样文所示的项目符号（项目符号位置：缩进位置 0.8 cm；文字位置：制表位位置 0.8 cm、缩进位置 0.3 cm）。

（8）设置页眉为“全国计算机信息高新技术考试简介”（黑体、小五号、深黄色），如样文。

（9）将文档中所有的“高新技术考试”替换为“OSTA”（宋体，加粗，红色，四号）。

【原文】

全国计算机信息高新技术考试简介

全国计算机信息高新技术考试是根据劳动部发[1996]19 号《关于开展计算机信息高新技术培训考核工作的通知》文件，由劳动和社会保障部职业技能鉴定中心统一组织的计算机及信息技术领域新职业国家考试。

劳动部劳培司字［1997］63 号文件明确指出，参加培训并考试合格者由劳动部职业技能鉴定中心统一核发《全国计算机信息高新技术考试合格证书》。“该证书作为反映计算机操作技能水平的基础性职业资格证书，在要求计算机操作能力并实行岗位准入控制的相应职业作为上岗证；在其他就业和职业评聘领域作为计算机相应操作能力的证明。通过计算机信息高新技术考试，获得操作员、高级操作员资格者，分别视同于中华人民共和国中级、高级技术等级，其使用及待遇参照国家相应规定执行；获得操作师、高级操作师资格者，参加技师、高级技师技术职务评聘时分别作为其专业技能的依据”。劳社鉴发［2004］18 号文中，又进一步明确“全国计算机信息高新技术考试作为国家职业鉴定工作和职业资格证书制度的有机组成部分”。

计算机信息高新技术考试面向各类院校学生和社会劳动者，重点测评考生掌握计算机各类实际应用技能的水平。

【样文】

如图 2-2 所示。

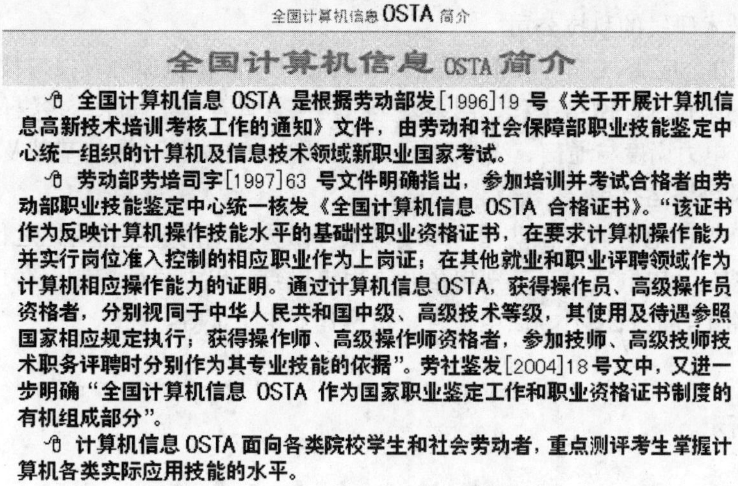

全国计算机信息 OSTA 简介

全国计算机信息 OSTA 简介

全国计算机信息 OSTA 是根据劳动部发[1996]19 号《关于开展计算机信息高新技术培训考核工作的通知》文件，由劳动和社会保障部职业技能鉴定中心统一组织的计算机及信息技术领域新职业国家考试。

劳动部劳培司字[1997]63 号文件明确指出，参加培训并考试合格者由劳动部职业技能鉴定中心统一核发《全国计算机信息 OSTA 合格证书》。"该证书作为反映计算机操作技能水平的基础性职业资格证书，在要求计算机操作能力并实行岗位准入控制的相应职业作为上岗证；在其他就业和职业评聘领域作为计算机相应操作能力的证明。通过计算机信息 OSTA，获得操作员、高级操作员资格者，分别视同于中华人民共和国中级、高级技术等级，其使用及待遇参照国家相应规定执行；获得操作师、高级操作师资格者，参加技师、高级技师技术职务评聘时分别作为其专业技能的依据"。劳社鉴发[2004]18 号文中，又进一步明确"全国计算机信息 OSTA 作为国家职业鉴定工作和职业资格证书制度的有机组成部分"。

计算机信息 OSTA 面向各类院校学生和社会劳动者，重点测评考生掌握计算机各类实际应用技能的水平。

图 2-2

2.3 第 3 题

【操作要求】

（1）在"D:\"下，以用户名为文件名新建一个文件夹，将此文件夹的属性改为"只读"。

（2）在 Word 中录入原文中的文字，并以"2-3"为文件名保存到上一步创建的文件夹中，扩展名默认。

（3）设置页面格式：自定义纸张大小（宽度：21cm，高度：29cm）；纵向；上、下页边距为 2cm；左、右页边距为 3cm。

（4）标题格式：二号，华文新魏，红色，加粗，居中。

（5）将正文各段文字设置为四号，仿宋，深红，行距设为 18 磅。

（6）为正文第二～第八段设置如样文所示的编号。

（7）将正文第九段中"主要课程"设置为华文中宋，加粗，小三号，红色，阴影效果。

（8）将正文第十段中"可考技能证书"设置为方正姚体，加粗倾斜，小三号，绿色，并设置文字效果为赤水情深。

【原文】

电网监控技术专业介绍

就业方向：

电力调度部门

发电厂（含地方或大型企业自备电厂）

变电站

电力建设公司

大中型工矿企业

电力设计院和调试所

从事监控技术研发的科技公司

主要课程：办公应用、C 语言、汇编语言、Internet 技术、微机原理及接口技术、SQL Server 2000、计算机网络技术、网络工程、网络安全、网络管理及安全技术、多媒体技术、网络编程、变电运行、电力调度与通信、线路运行、营业用电、电力法、通信基础及现代通信技术、电力系统分析及经济运行等。

可考技能证书：电网调度自动化厂站端调试检修员、电网调度自动化运行值班员、电网调度自动化维护员、电气值班员、变电运行、用电检查、电力负荷控制、客户受理、送电线路工、配电线路工、装表接电、用电检查、进网作业电工证等。

【样文】

如图 2-3 所示。

电网监控技术专业介绍

就业方向：

【1】 电力调度部门

【2】 发电厂（含地方或大型企业自备电厂）

【3】 变电站

【4】 电力建设公司

【5】 大中型工矿企业

【6】 电力设计院和调试所

【7】 从事监控技术研发的科技公司

主要课程：办公应用、C 语言、汇编语言、Internet 技术、微机原理及接口技术、SQL Server 2000、计算机网络技术、网络工程、网络安全、网络管理及安全技术、多媒体技术、网络编程、变电运行、电力调度与通信、线路运行、营业用电、电力法、通信基础及现代通信技术、电力系统分析及经济运行等。

可考技能证书：电网调度自动化厂站端调试检修员、电网调度自动化运行值班员、电网调度自动化维护员、电气值班员、变电运行、用电检查、电力负荷控制、客户受理、送电线路工、配电线路工、装表接电、用电检查、进网作业电工证等。

图 2-3

2.4 第 4 题

【操作要求】

（1）在“D:\”下，以用户名为文件名新建一个文件夹，将此文件夹的属性改为“只读”。

（2）在 Word 中录入原文中的文字，并以“2-4”为文件名保存到上一步创建的文件夹中，扩展名默认。

（3）标题格式：26 磅，华文中宋，金色，加粗，居中。

（4）将正文第二～第六段设置为宋体，小四，左对齐。

（5）为正文第二～第六段设置如样文所示的项目符号。

（6）将正文第一、第七、第八段设置为宋体，小四，首行缩进 2 个字符，淡黄色底纹，并设置橙色阴影边框。

（7）设置页脚为“计算机应用技术专业介绍”（宋体、五号、深绿色、居中对齐）。

（8）将第七段 Internet 设置脚注，内容为因特网，位置为“页面底端”。

【原文】

计算机应用技术专业介绍

就业方向：

电力行业各单位（含地方或企业自备电厂）

各类 IT 企业

各类电脑及科技公司

金融系统单位

行政事业单位

主要课程：办公应用、Internet 技术、C 语言、计算机网络实用技术、数据库 Visual Foxpro、SQL Server 2000、图形技术、网页设计、微机原理及接口技术、单片机原理及接口技术、多媒体技术、Visual Basic 程序设计、数据信息安全技术、数据库编程及维护与管理、网络编程等。

可考技能证书：办公软件应用、数据库应用、图形图像处理、因特网应用、局域网管理、多媒体软件制作、网页制作、计算机辅助设计等。

【样文】

如图 2-4 所示。

计算机应用技术专业介绍

就业方向：

- 电力行业各单位（含地方或企业自备电厂）
- 各类 IT 企业
- 各类电脑及科技公司
- 金融系统单位
- 行政事业单位

主要课程：办公应用、Internet[1]技术、C 语言、计算机网络实用技术、数据库 Visual Foxpro、SQL Server 2000、图形技术、网页设计、微机原理及接口技术、单片机原理及接口技术、多媒体技术、Visual Basic 程序设计、数据信息安全技术、数据库编程及维护与管理、网络编程等。

可考技能证书：办公软件应用、数据库应用、图形图像处理、因特网应用、局域网管理、多媒体软件制作、网页制作、计算机辅助设计等。

[1]因特网

计算机应用技术专业介绍

图 2-4

2.5 第 5 题

【操作要求】

（1）在“D:\”下，以用户名为文件名新建一个文件夹，将此文件夹的属性改为“只读”。

（2）在 Word 中录入原文中的文字，并以“2-5”为文件名保存到上一步创建的文件夹中，扩展名默认。

（3）标题格式：28 磅，华文细黑，海绿色，加粗，居中。

（4）将正文第一段设置为隶书，小四号，左对齐；第二～第七段设置为宋体，五号，右对齐。

（5）为正文第二段～第七段设置如样文所示的项目符号。

（6）为正文第七、第八段设置为隶书，小四号，浅绿色底纹，并设置方框，线型：单实线，1 磅。

（7）设置页脚为“计算机网络技术专业介绍”（宋体、五号、深绿色、居中）。

（8）为第七段 SQL Server 2000 设置尾注，内容为数据库，位置为文档结尾。

【原文】

计算机网络技术专业介绍

就业方向：

电力行业各单位

IT 生产企业

IT 产品销售业

大中小企事业单位

商业、物流、保险业

金融系统

主要课程：办公应用、C 语言、汇编语言、Internet 技术、微机原理与接口技术、数据库 Visual Foxpro、SQL Server 2000、计算机网络技术、计算机网络实训、网络工程、网络安全、网络管理及安全技术、多媒体技术、网络编程、网页设计、Linux 操作系统、Visual Basic 程序设计等。

可考技能证书：办公软件应用、数据库应用、图形图像处理、因特网应用、局域网管理、多媒体软件制作、网页制作、计算机辅助设计等。

【样文】

如图 2-5 所示。

计算机网络技术专业介绍

就业方向：

囲 电力行业各单位
囲 IT生产企业
囲 IT产品销售业
囲 大中小企事业单位
囲 商业、物流、保险业
囲 金融系统

主要课程：办公应用、C语言、汇编语言、Internet技术、微机原理与接口技术、数据库Visual Foxpro、SQL Server 2000[1]、计算机网络技术、计算机网络实训、网络工程、网络安全、网络管理及安全技术、多媒体技术、网络编程、网页设计、Linux操作系统、Visual Basic程序设计等。
可考技能证书：办公软件应用、数据库应用、图形图像处理、因特网应用、局域网管理、多媒体软件制作、网页制作、计算机辅助设计等。

图2-5

2.6 第 6 题

【操作要求】

（1）在“D:\”下，以用户名为文件名新建一个文件夹，将此文件夹的属性改为“只读”。

（2）在Word中录入原文中的文字，并以“2-6”为文件名保存到上一步创建的文件夹中，扩展名默认。

（3）标题格式：四号，方正舒体，蓝—灰，加粗，居中。

（4）将正文第一～第六段设置为黑体，五号，左对齐。

（5）为正文第二～第四段设置如样文所示的项目符号。

（6）在正文第二～第四段间添加虚线，如样文。

（7）设置页眉为“通信技术专业介绍”（隶书、五号、绿色、居中）。

（8）为第六段CAD设置尾注，内容为辅助设计，位置：文档结尾。

【原文】

通 信 技 术 专 业 介 绍

就业方向：

电网调度及电力系统通信网与交换、光纤通信、数据通信、载波通信、微波通信等领域从事设计、安装、运行、维护和管理等技术工作。

省内外电信系统的通信控制中心、通信设备生产及经销等单位，从事通信设备及通信线路的安装、检测、调试、维修及通信产品的经营销售等工作。

通信系统和计算机网络系统的各种信息传输、存储、变换、处理、调测和工程应用。

主要课程：高等数学、电路与电磁场、电子技术、信号与系统、通信电子线路、微机原理与接口技术、通信原理、光纤通信技术、电力微波通信、电力载波通信技术、电力通信电源技术、移动通信、计算机网络与通信、程控交换技术等。

可考技能证书：通信设备检验员、网络设备调试员、用户通信终端维修员、电子信息网络工、无线电调试工、无线电装接工、CAD 技术、网络工程师、维修电工、进网作业电工证等。

【样文】

如图 2-6 所示。

通信技术专业介绍

通信技术专业介绍

就业方向：

- 电网调度及电力系统通信网与交换、光纤通信、数据通信、载波通信、微波通信等领域从事设计、安装、运行、维护和管理等技术工作
- 省内外电信系统的通信控制中心、通信设备生产及经销等单位，从事通信设备及通信线路的安装、检测、调试、维修及通信产品的经营销售等工作
- 通信系统和计算机网络系统的各种信息传输、存储、变换、处理、调测和工程应用。

主要课程：高等数学、电路与电磁场、电子技术、信号与系统、通信电子线路、微机原理与接口技术、通信原理、光纤通信技术、电力微波通信、电力载波通信技术、电力通信电源技术、移动通信、计算机网络与通信、程控交换技术等。

可考技能证书：通信设备检验员、网络设备调试员、用户通信终端维修员、电子信息网络工、无线电调试工、无线电装接工、CAD 技术、网络工程师、维修电工、进网作业电工证等。

图 2-6

2.7 第 7 题

【操作要求】

（1）在“D:\”下，以用户名为文件名新建一个文件夹，将此文件夹的属性改为“只读”。

（2）在 Word 中录入原文中的文字，并以“2-7”为文件名保存到上一步创建的文件夹中，扩展名默认。

（3）标题格式：二号，华文细黑，青色，加粗，居中。

（4）正文各段字符格式：宋体、五号、深青色；段落格式：首行缩进 2 字符、行间距为固定值 22 磅、两端对齐。

（5）为正文第二段设置分栏（偏右的两栏，左栏宽 25 个字符，栏间距 2 个字符，加分隔线）；设置底纹效果（灰色-15%）。

（6）设置页眉为“智能电网”（宋体、五号、红色、居中），并添加页码，如样文。

（7）将正文中所有的“电网”设置粗体、深红色、加着重号。

（8）为本 Word 文件（即 2-7.doc）设置打开密码，密码：NCRE。

【原文】

智 能 电 网

美国的智能电网计划又被称为 Unified National Smart Grid，译为统一智能电网，是指将基于分散的智能电网结合成全国性的网络体系。

这个体系主要包括：通过统一智能电网实现美国电力网格的智能化，解决分布式能源体系的需要，以长短途、高低压的智能网络联结客户电源；在保护环境和生态系统的前提下，营建新的输电电网，实现可再生能源的优化输配，提高电网的可靠性和清洁性；这个系统可以平衡整合类似美国亚利桑那州的太阳能发电和俄亥俄州的工业用电等跨州用电的需求，实现全国范围内的电力优化调度、监测和控制，从而实现美国整体的电力需求管理，实现美国跨区的可再生能源提供的平衡。

这个体系的另一个核心就是解决太阳能、氢能、水电能和车辆电能的存储，它可以帮助用户出售多余电力，包括解决电池系统向电网回售富裕电能。实际上，这个体系就是以美国的可再生能源为基础，实现美国发电、输电、配电和用电体系的优化管理，而且美国的这个计划也考虑了将加拿大、墨西哥等地电力整合的合作。

【样文】

如图 2-7 所示。

智能电网

智能电网

美国的智能**电网**计划称为 Unified National Smart Grid，译为统一智能**电网**，是指将基于分散的智能**电网**结合成全国性的网络体系。

这个体系主要包括：通过统一智能**电网**实现美国电力网格的智能化，解决分布式能源体系的需要，以长短途、高低压的智能网络联结客户电源；在保护环境和生态系统的前提下，营建新的输电**电网**，实现可再生能源的优化输配，提高**电网**的可靠性和清洁性；这个系统可以平衡整合类似美国亚利桑那州的太阳能发电和俄亥俄州的工业用电等跨州用电的需求，实现全国范围内的电力优化调度、监测和控制，从而实现美国整体的电力需求管理，实现美国跨区的可再生能源提供的平衡。

这个体系的另一个核心就是解决太阳能、氢能、水电能和车辆电能的存储，它可以帮助用户出售多余电力，包括解决电池系统向**电网**回售富裕电能。实际上，这个体系就是以美国的可再生能源为基础，实现美国发电、输电、配电和用电体系的优化管理。而且美国的这个计划也考虑了将加拿大、墨西哥等地电力整合的合作。

图 2-7

2.8　第　8　题

【操作要求】

（1）在“D:\”下，以用户名为文件名新建一个文件夹，将此文件夹的属性改为“只读”。

（2）在 Word 中录入原文中的文字，并以“2-8”为文件名保存到上一步创建的文件夹中，扩展名默认。

（3）标题格式：二号，华文行楷，红色，加粗，空心，居中；字符间距：加宽，一磅。

（4）正文第一段字符格式：华文新魏、五号、青色，设置首字下沉（位置为悬挂、字体为黑体、下沉2行、距正文0.5cm）。

（5）正文第二段字符格式：宋体、五号、深青色；段落格式：悬挂缩进2字符、行间距为固定值22磅、两端对齐。

（6）设置页眉，样式如样文。

（7）在标题下绘制一条直线（线条颜色为红色、3.5磅粗实线、末端样式为燕尾箭头、末端大小为右箭头9、线条宽度为10cm、阴影样式为13、版式为上下型）。

【原文】

特高压直流输电

特高压直流输电（UHVDC）是指±800kV（±750kV）及以上电压等级的直流输电及相关技术。特高压直流输电的主要特点是输送容量大、电压高，可用于电力系统非同步联网。在我国特高压电网建设中，将以1000kV交流特高压输电为主形成特高压电网骨干网架，实现各大区电网的同步互联；±800kV特高压直流输电则主要用于远距离、中间无落点、无电压支撑的大功率输电工程。

特高压直流输电设备。主要包括换流阀、换流变压器、平波电抗器、交流滤波器、直流滤波器、直流避雷器、交流避雷器、无功补偿设备、控制保护装置和远动通信设备等。相对于传统的高压直流输电，特高压直流输电的直流侧电压更高。容量更大，因此对换流阀、换流变压器、平波电抗器、直流滤波器和避雷器等设备提出了更高的要求。

【样文】

如图2-8所示。

特高压直流输电

特高压直流输电

特高压直流输电（UHVDC）是指±800kV（±750kV）及以上电压等级的直流输电及相关技术。特高压直流输电的主要特点是输送容量大、电压高，可用于电力系统非同步联网。在我国特高压电网建设中，将以1000kV交流特高压输电为主形成特高压电网骨干网架，实现各大区电网的同步互联；±800kV特高压直流输电则主要用于远距离、中间无落点、无电压支撑的大功率输电工程。

特高压直流输电设备。主要包括换流阀、换流变压器、平波电抗器、交流滤波器、直流滤波器、直流避雷器、交流避雷器、无功补偿设备、控制保护装置和远动通信设备等。相对于传统的高压直流输电，特高压直流输电的直流侧电压更高。容量更大，因此对换流阀、换流变压器、平波电抗器、直流滤波器和避雷器等设备提出了更高的要求。

图2-8

2.9 第　9　题

【操作要求】

（1）在“D:\”下，以用户名为文件名新建一个文件夹，将此文件夹的属性改为“只读”。

（2）在 Word 中录入原文中的文字，并以“2-9”为文件名保存到上一步创建的文件夹中，扩展名默认。

（3）在原文最前端插入一空行，分别插入艺术字“国家电网”（艺术字样式：艺术字库中第二行、第四列样式、黑体、36 磅、加粗、上为深黄色下为灰色－25%的双色填充效果、底纹样式为水平、高度 1.1cm、宽度 4.76cm）、“——特高压直流输电”（艺术字样式：为艺术字库中第四行、第五列样式、黑体、36 磅、加粗、上为灰色－25%下为深黄色的双色填充效果、底纹样式为水平、高度 2.12cm、宽度 7.78cm），将两组艺术字设置为水平居中对齐，并进行组合。

（4）正文各段字符格式：宋体、五号、深青色；段落格式：首行缩进 2 字符、行间距为固定值 22 磅、两端对齐。

（5）将文档中所有的 UHVDC 替换为 UHVDC（加粗，红色，四号）。

（6）为正文第一段“特高压直流输电”设置一个超链接，地址为 http://www.sgcc.com.cn/。

（7）设置页眉，样式如样文。

（8）在页脚插入日期和时间（黑体、小五号、深黄色）。

【原文】

特高压直流输电的接线方式。UHVDC 一般采用高可靠性的双极两端中性点接线方式。

特高压直流输电的主要技术特点。与特高压交流输电技术相比，UHVDC 的主要技术特点：

UHVDC 系统中间不落点，可点对点、大功率、远距离直接将电力输送至负荷中心；

UHVDC 控制方式灵活、快速，可以减少或避免大量过网潮流，按照送、受两端运行方式变化而改变潮流；

UHVDC 的电压高、输送容量大、线路走廊窄，适合大功率、远距离输电；

在交直流混合输电的情况下，利用直流有功功率调制可以有效抑制与其并列的交流线路的功率振荡，包括区域性低频振荡，提高交流系统的动态稳定性；

当发生直流系统闭锁时，UHVDC 两端交流系统将承受很大的功率冲击。

【样文】

如图 2-9 所示。

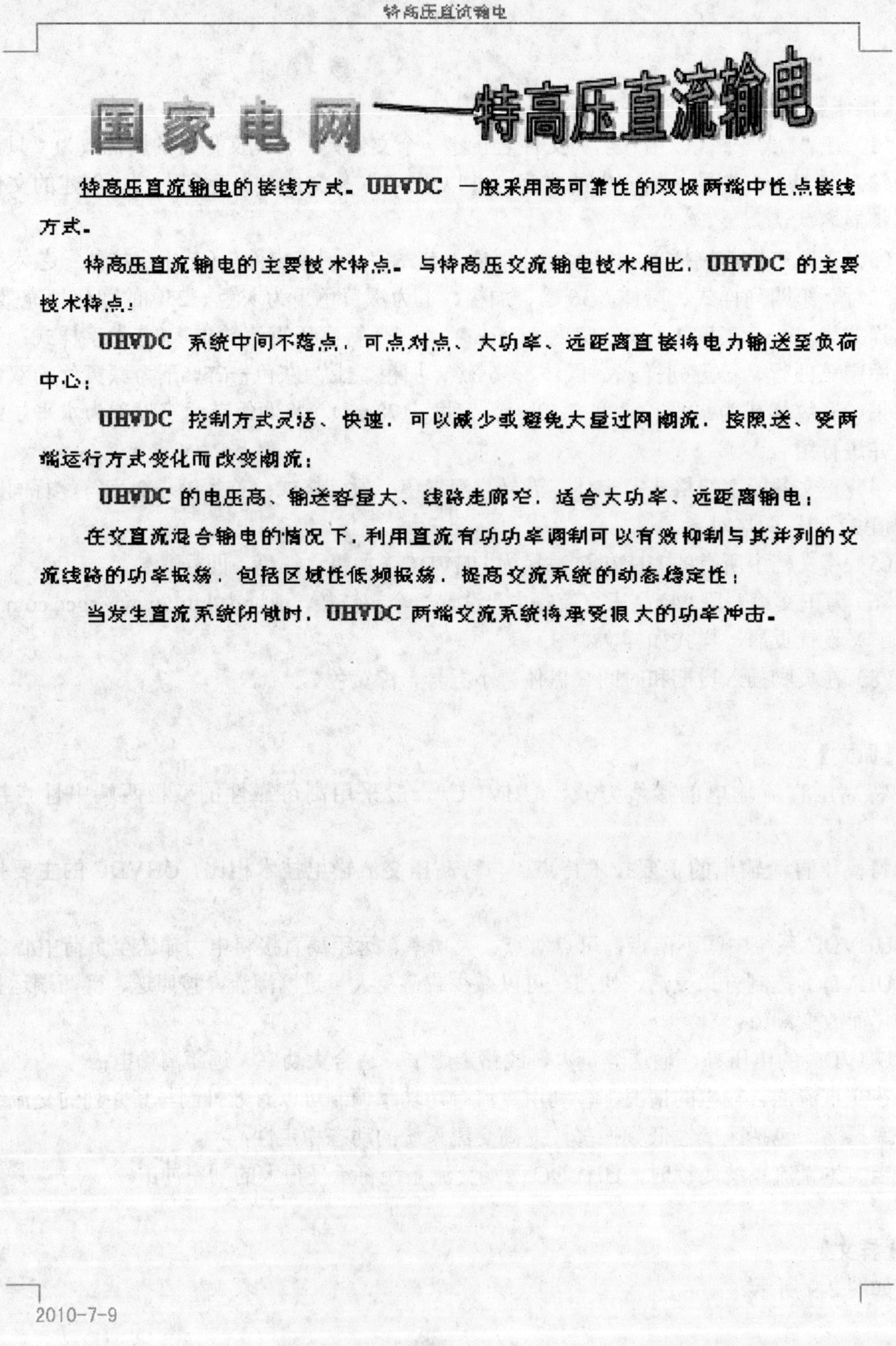

特高压直流输电

国家电网——特高压直流输电

特高压直流输电的接线方式。UHVDC 一般采用高可靠性的双极两端中性点接线方式。

特高压直流输电的主要技术特点。与特高压交流输电技术相比，UHVDC 的主要技术特点：

UHVDC 系统中间不落点，可点对点、大功率、远距离直接将电力输送至负荷中心；

UHVDC 控制方式灵活、快速，可以减少或避免大量过网潮流，按照送、受两端运行方式变化而改变潮流；

UHVDC 的电压高、输送容量大、线路走廊窄，适合大功率、远距离输电；

在交直流混合输电的情况下，利用直流有功功率调制可以有效抑制与其并列的交流线路的功率振荡，包括区域性低频振荡，提高交流系统的动态稳定性；

当发生直流系统闭锁时，UHVDC 两端交流系统将承受很大的功率冲击。

2010-7-9

图 2-9

2.10 第 10 题

【操作要求】

（1）在“D:\”下，以用户名为文件名新建一个文件夹，将此文件夹的属性改为“只读”。

（2）在 Word 中录入原文中的文字，并以“2-10”为文件名保存到上一步创建的文件夹中，扩展名默认。

（3）将标题“全国计算机等级考试（NCRE）与高等教育自学考试课程的衔接”设置为艺术字，艺术字样式：艺术字库中第三行、第四列样式、黑体、36 磅、加粗。

（4）将标题艺术字设置：上为红色下为白色的双色填充效果、底纹样式为水平、高度 0.53cm、宽度 14.63cm，水平居中。

（5）正文各段字符格式：宋体、五号、黑色；段落格式：首行缩进 2 字符、行间距为固定值 22 磅、两端对齐。

（6）正文第一段分为等宽的两栏、栏间距为 2 字符、加分隔线。

（7）将正文第二段的段前和段后间距均设置为 2～5 行，并为该段落设置红色的阴影边框和添加灰色－15%的底纹效果。

（8）为正文第一段第一行“（NCRE）”设置批注，批注内容：全国计算机等级考试。

【原文】

全国计算机等级考试（NCRE）与高等教育自学考试课程的衔接

随着全国计算机等级考试（NCRE）的持续发展，NCRE 的证书被各行业广泛认可。部分省级自考办已开始考虑 NCRE 与高等教育自学考试课程衔接、拓展考试功效等问题。为规范管理和保证课程衔接的科学性，经全国考委电子电工与信息类专业委员会组织有关专家论证，就 NCRE 与高等教育自学考试课程衔接问题，全国考办研究决定并作如下通知：

NCRE 课程暂与高等教育自学考试的部分专科课程进行衔接；

凡获得 NCRE 一级合格证书者，可以免考高等教育自学考试中的计算机应用基础（0018）或计算机应用技术（2316）课程（包括理论考试和上机考试两部分）；

凡获得 NCRE 二级 C 语言程序设计（笔试和上机）合格证书者，可以免考高等教育自学考试中的高级语言程序设计（0342）课程（包括理论考试和实践考核两部分）；

凡获得 NCRE 三级 PC 技术（笔试和上机）合格证书者，可以免考高等教育自学考试中的微型计算机及其接口技术（2319）和微型计算机原理及应用（2277）课程（包括理论考试和实践考核两部分）。

具体的免考和成绩认可办法由考生所在省级自考办根据实际情况确定，并报全国考办备案。

【样文】

如图 2-10 所示。

NCRE 与高等教育自学考试课程的衔接

随着全国计算机等级考试（NCRE）的持续发展，NCRE 的证书被各行业广泛认可。部分省级自考办已开始考虑 NCRE 与高等教育自学考试课程衔接、拓展考试功效等问题。为规范管理和保证课程衔接的科学性，经全国考委电子电工与信息类专业委员会组织有关专家论证，就 NCRE 与高等教育自学考试课程衔接问题，全国考办研究决定并作如下通知：

批注 [Y1]: 全国计算机等级考试

NCRE 课程暂与高等教育自学考试的部分专科课程进行衔接；

凡获得 NCRE 一级合格证书者，可以免考高等教育自学考试中的计算机应用基础（0018）或计算机应用技术（2316）课程（包括理论考试和上机考试两部分）；

凡获得 NCRE 二级 C 语言程序设计（笔试和上机）合格证书者，可以免考高等教育自学考试中的高级语言程序设计（0342）课程（包括理论考试和实践考核两部分）；

凡获得 NCRE 三级 PC 技术（笔试和上机）合格证书者，可以免考高等教育自学考试中的微型计算机及其接口技术（2319）和微型计算机原理及应用（2277）课程（包括理论考试和实践考核两部分）。

具体的免考和成绩认可办法由考生所在省级自考办根据实际情况确定，并报全国考办备案。

图 2-10

2.11 第 11 题

【操作要求】

（1）在"D:\"下，以用户名为文件名新建一个文件夹，将此文件夹的属性改为"只读"。

（2）在 Word 中录入原文中的文字，并以"2-11"为文件名保存到上一步创建的文件夹中，扩展名默认。

（3）标题格式：二号，华文彩云，红色，加粗，居中。

（4）在标题下绘制一条直线（线条颜色为红色、4.5 磅粗实线、末端样式为燕尾箭头、末端大小为右箭头 9、线条宽度为 10cm、阴影样式为 6、版式为上下型）。

（5）将正文各段文字设置为四号，隶书，行距设为 16 磅，深黄色，左右各缩进 3 个字符，首行缩进 2 个字符。

（6）为正文第四～第六段添加 1.5 磅红色阴影边框，并设置底纹效果：灰色－25%。

（7）在文档的结尾创建一个如样文的报名表（表格内各列均使用中部居中对齐），并为此表格自动套用典雅型的格式。

【原文】

全国计算机等级考试报名指导

全国和高校计算机等级考试的区别

全国计算机等级考试适用于全国范围，由教育部考试中心主办，面向社会用于考查应试人员计算机应用知识与能力的全国计算机考试水平体系，在全国各地各单位都适用。

全国高校计算机考试属于江西省内计算机等级考试，相对来说全国计算机等级考试更权威（但要考专升本的同学一定要通过高校计算机等级考试）。

有针对性地报考相应级别的等级考试

大一学生基础差的，鼓励报考一级 Microsoft Office，这属于我们基础课上课的内容。

如果有意报考计算机二级的，有语言功底的可以报考二级 C，如果没有基础的可以报考二级 Access。基础更好的同学可以报考三级。

从就业形式看

全国计算机等级考试适用范围较广，特别是到北京、上海、广州、深圳、浙江等地找工作，没有计算机等级考试二级证书很难签订就业合同。如果需要取得当地户口，更需要有全国计算机等级考试二级及以上证书。

证书有效性

等级考试的证书是终身有效的。

【样文】

如图 2-11 所示。

全国计算机等级考试报名指导

全国和高校计算机等级考试的区别

全国计算机等级考试适用于全国范围，由教育部考试中心主办，面向社会用于考查应试人员计算机应用知识与能力的全国计算机考试水平体系，在全国各地各单位都适用。

全国高校计算机考试属于江西省内计算机等级考试，相对来说全国计算机等级考试更权威（但要考专升本的同学一定要通过高校计算机等级考试）。

有针对性地报考相应级别的等级考试

大一学生基础差的，鼓励报考一级 Microsoft Office，这属于我们基础课上课的内容。

如果有意报考计算机二级的，有语言功底的可以报考二级 C，如果没有基础的可以报考二级 Access。基础更好的同学可以报考三级。

从就业形式看

全国计算机等级考试适用范围较广，特别是到北京，上海、广州、深圳、浙江等地找工作，没有计算机等级考试二级证书很难签订就业合同。如果需要取得当地户口，更需要有全国计算机等级考试二级及以上证书。

证书有效性

等级考试的证书是终身有效的。

全国计算机等级考试报名表								
序号	报考级别	姓名	性别	身份证号码	保留成绩类型	原准考证号码	班级	联系电话

图 2-11

2.12 第 12 题

【操作要求】

（1）在“D:\”下，以用户名为文件名新建一个文件夹，将此文件夹的属性改为“只读”。

（2）在 Word 中录入原文中的文字，并以“2-12”为文件名保存到上一步创建的文件夹中，扩展名默认。

（3）在正文第一段前插入一个矩形（矩形高度为 1.38cm，宽度为 14.61cm，白色和淡蓝色双色填充效果，底纹样式为水平，无线条颜色）。

（4）将标题文字“全国计算机信息高新技术考试方式”剪切到矩形中（设置字体格式：黑体、小二号、阴影效果、字间距加宽 1.5 磅、居中对齐；“全国计算机信息高新技术”的字符颜色为橙色，“考试方式”的字符颜色为“绿色”）。

（5）正文各段字符格式：华文细黑、五号、深黄色；段落格式：首行缩进 2 字符、行间距为固定值 22 磅、两端对齐。

（6）为第二段设置首字下沉（下沉二行、隶书、距正文 0.4cm）。

（7）设置页眉如样文。

【原文】

全国计算机信息高新技术考试方式

随培随考，采用模块化的考试方式。根据计算机应用特点分类，形成大的应用模块，每个大模块内，又根据相关软件的特点，分成小的系列，再从小系列中取出考核点，形成考核单元进行考试。使用全国统一题库，目前的题库为每个模块八个单元，每个单元含 20 道题。考试站在确定考试时间后，提前向考试服务中心提交考试申请，由考试服务中心下发考生选题单，考试时从每个单元的 20 道题中，随机抽取 1 道题组成 1 套有 8 道题的试题，考试站按时组织考试。

操作员和高级操作员级的考试，全部采取上机实际测试操作技能的方式进行，考试时间为 120min；操作师的考试采取上机实际测试操作技能和理论考试相结合的方式进行，上机考试时间为 120min，理论考试时间为 60min；高级操作师的考试采取上机实际测试操作技能和论文答辩相结合的方式进行，上机考试时间为 120min，论文答辩时间为 60min。

【样文】

如图 2-12 所示。

高新考试

全国计算机信息高新技术考试方式

随培随考，采用模块化的考试方式。根据计算机应用特点分类，形成大的应用模块，每个大模块内，又根据相关软件的特点，分成小的系列，再从小系列中取出考核点，形成考核单元进行考试。使用全国统一题库，目前的题库为每个模块八个单元，每个单元含 20 道题。考试站在确定考试时间后，提前向考试服务中心提交考试申请，由考试服务中心下发考生选题单，考试时从每个单元的 20 道题中，随机抽取 1 道题组成 1 套有 8 道题的试题，考试站按时组织考试。

操作员和高级操作员级的考试，全部采取上机实际测试操作技能的方式进行，考试时间为 120 min；操作师的考试采取上机实际测试操作技能和理论考试相结合的方式进行，上机考试时间为 120 min，理论考试时间为 60 min；高级操作师的考试采取上机实际测试操作技能和论文答辩相结合的方式进行，上机考试时间为 120 min，论文答辩时间为 60 min。

图 2-12

2.13　第　13　题

【操作要求】

（1）在“D:\”下，以用户名为文件名新建一个文件夹，将此文件夹的属性改为“只读”。

（2）在 Word 中录入原文中的文字，并以“2-13”为文件名保存到上一步创建的文件夹中，扩展名默认。

（3）标题格式：25 磅，华文中宋，金色，加粗，居中。

（4）正文各段字符格式：隶书、五号、天蓝色；段落格式：悬挂缩进 2 字符、行间距为固定值 25 磅、两端对齐。

（5）将正文中所有的“特高压”设置粗体、梅红色、加着重号。

（6）为本文添加水印背景，水印样式：文字水印，文本：公司绝密，字体：宋体，尺寸：自动，颜色：灰色－25% 半透明，版式：水平。

【原文】

特高压交流输电技术的主要特点

特高压交流输电中间可以有落点，具有网络功能，可以根据电源分布、负荷布点、输送电力、电力交换等实际需要构成国家特高压骨干网架。特高压交流电网的突出优点：输电能力大、覆盖范围广、网损小、输电走廊明显减少，能灵活适合电力市场运营的要求。

采用特高压实现联网，坚强的特高压交流同步电网中线路两端的功角差一般可控制在 20°及以下。因此，交流同步电网越坚强，同步能力越大、电网的功角稳定性越好。

特高压交流线路产生的充电无功功率约为 500kV 的 5 倍，为了抑制工频过电压，线路须装设并联电抗器。当线路输送功率变化，送、受端无功将发生大的变化。如果受端电网的无功功率分层分区平衡不合适，特别是动态无功备用容量不足，在严重工况和严重故障条件下，电压稳定可能成为主要的稳定问题。

适时引入 1000kV 特高压输电，可为直流多馈入的受端电网提供坚强的电压和无功支撑，有利于从根本上解决 500kV 短路电流超标和输电能力低的问题。

【样文】

如图 2-13 所示。

特高压交流输电技术的主要特点

特高压交流输电中间可以有落点，具有网络功能，可以根据电源分布、负荷布点、输送电力、电力交换等实际需要构成国家特高压骨干网架。特高压交流电网的突出优点是：输电能力大、覆盖范围广、网损小、输电走廊明显减少，能灵活适合电力市场运营的要求。

采用特高压实现联网，坚强的特高压交流同步电网中线路两端的功角差一般可控制在 20°及以下。因此，交流同步电网越坚强，同步能力越大、电网的功角稳定性越好。

特高压交流线路产生的充电无功功率约为 500 kV 的 5 倍，为了抑制工频过电压，线路须装设并联电抗器。当线路输送功率变化，送、受端无功将发生大的变化。如果受端电网的无功功率分层分区平衡不合适，特别是动态无功备用容量不足，在严重工况和严重故障条件下，电压稳定可能成为主要的稳定问题。

适时引入 1000 kV 特高压输电，可为直流多馈入的受端电网提供坚强的电压和无功支撑，有利于从根本上解决 500 kV 短路电流超标和输电能力低的问题。

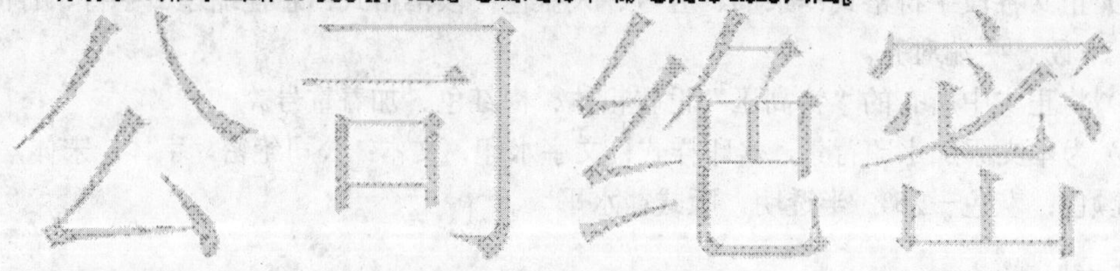

图 2-13

2.14 第 14 题

【操作要求】

（1）在“D:\”下，以用户名为文件名新建一个文件夹，将此文件夹的属性改为“只读”。

（2）在 Word 中录入原文中的文字，并以“2-14”为文件名保存到上一步创建的文件夹中，扩展名默认。

（3）设置页面格式：A4 纸；纵向；上、下页边距为 2.2cm；左、右页边距为 3.2cm。

（4）制作页眉，输入文字“江西电力职业技术学院……”，在文字前插入剪贴画（三角中第二排第二列的图），在图片和文字的下方绘制一条虚线，设置为 3 磅。

（5）制作页脚如样文，在页脚中插入页码并居中。

（6）制作页面的底纹，用剪贴画（背景中第一排第二列的图）作为页面底纹，样式如样文。

【原文】

自　荐　书

尊敬的领导：

感谢您于百忙之中垂阅此信，给我一个被了解和被考核的机会。

我是江西电力职业技术学院××××届应届毕业生，现就读于计算机应用专业。我来自××省，农村生活铸就了我淳朴、诚实、善良的性格，培养了我不怕困难挫折，不服输的奋斗精神。我深知学习机会来之不易，在校期间非常重视计算机基础知识的学习，取得了良好的成绩。基本上熟悉了 PC 机的原理与构造，能熟练地应用 Windows 系列和 Linux 系列的各种操作系统，获得了国家计算机等级考试二级证书和全国计算机信息高新技术考试证书。

在学习专业知识的同时，还十分重视培养自己的动手实践能力，利用暑假参加了××电子公司的局域网组建与维护。丰富的实践活动使我巩固了计算机方面的基础知识，能熟练地进行常用局域网的组建与维护，以及 Internet 的接入、调试与维护。

我冒昧地向贵公司毛遂自荐，给我一个机会，给您一个选择，我相信您是正确的。

祝贵公司蓬勃发展，您的事业蒸蒸日上！

此致

敬礼

自荐人：×××

××××年××月

【样文】如图 2-14 所示。

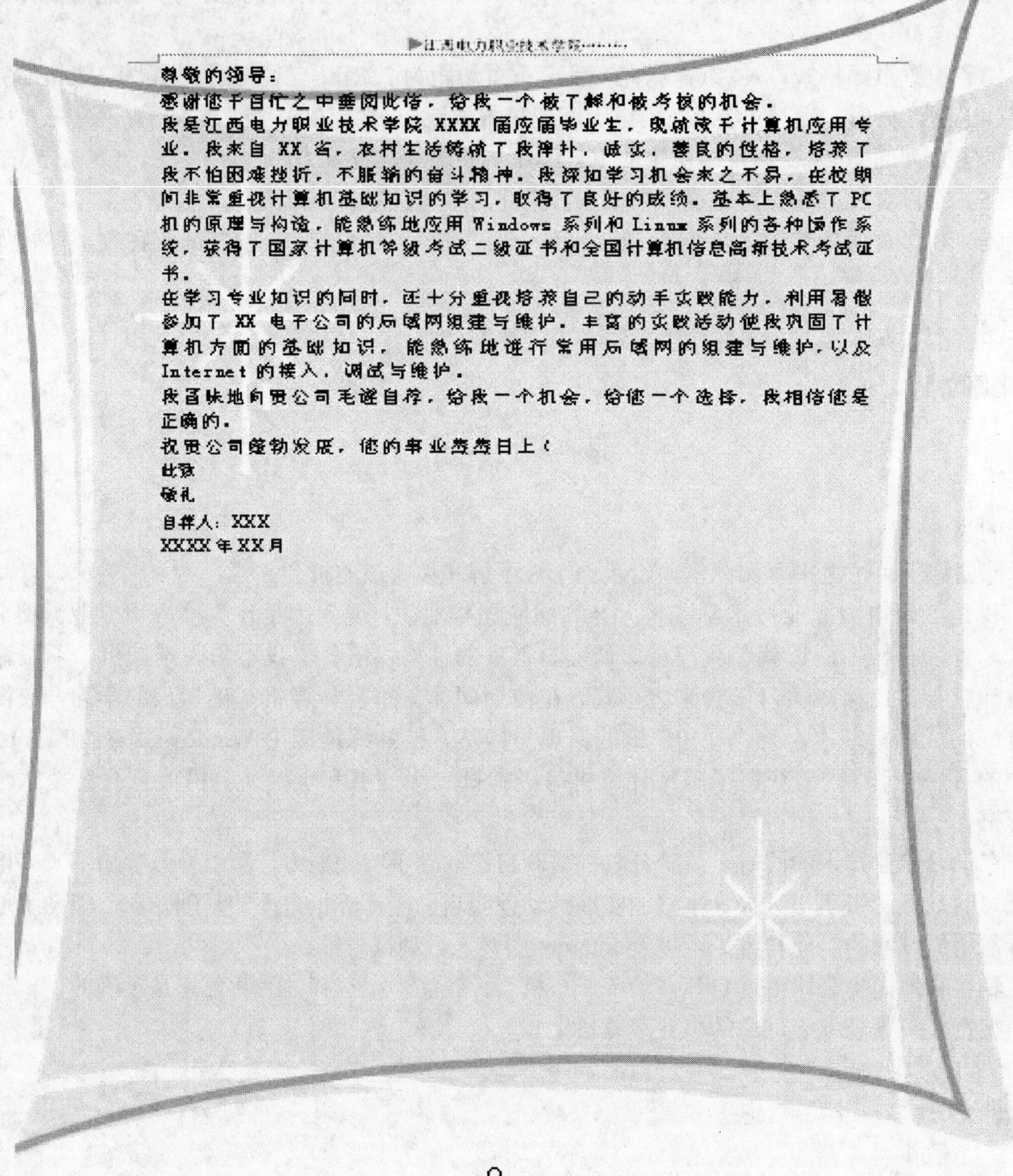

江西电力职业技术学院……

尊敬的领导：

感谢您于百忙之中垂阅此信，给我一个被了解和被考核的机会。

我是江西电力职业技术学院 XXXX 届应届毕业生，现就读于计算机应用专业。我来自 XX 省，农村生活铸就了我淳朴，诚实，善良的性格，培养了我不怕困难挫折，不服输的奋斗精神。我深知学习机会来之不易，在校期间非常重视计算机基础知识的学习，取得了良好的成绩。基本上熟悉了 PC 机的原理与构造，能熟练地应用 Windows 系列和 Linux 系列的各种操作系统，获得了国家计算机等级考试二级证书和全国计算机信息高新技术考试证书。

在学习专业知识的同时，还十分重视培养自己的动手实践能力，利用暑假参加了 XX 电子公司的局域网组建与维护。丰富的实践活动使我巩固了计算机方面的基础知识，能熟练地进行常用局域网的组建与维护，以及 Internet 的接入，调试与维护。

我冒昧地向贵公司毛遂自荐，给我一个机会，给您一个选择，我相信您是正确的。

祝贵公司蓬勃发展，您的事业蒸蒸日上！

此致

敬礼

自荐人：XXX

XXXX 年 XX 月

江西电力职业技术学院 1

图 2-14

2.15 第 15 题

【操作要求】

（1）在“D:\”下，以用户名为文件名新建一个文件夹，将此文件夹的属性改为“只读”。

（2）在 Word 中录入原文中的文字，并以“2-15”为文件名保存到上一步创建的文件夹中，扩展名默认。

（3）设置页面格式：A4 纸，纵向，上、下页边距为 2cm，左、右页边距为 3cm。

（4）绘制下列表格，调整相应的行高列宽，输入相应的内容，设置栏目名称格式为“居中、宋体、加粗、五号字”，其他为“宋体、常规、五号字”，表格外边框为“双线、1.5 磅”，表格内边框为“单线、0.5 磅”，用公式计算“支出金额”和“收入金额”。

【原文】

如图 2-15 所示。

8月份收支表（单位：元）				
收支项目 日期	支出项目	支出金额	收入项目	收入金额
8月10日			生活费	1800
8月15日	电费	30		
8月15日	买书	450		
8月17日	水费	15		
8月19日			稿费	300
8月21日	请客吃饭	245		
8月25日	买日用品	230		
8月26日			奖学金	200
统计	支出总额	970		
	收入总额	2300		

图 2-15

【样文】

如图 2-16 所示。

8月份收支表（单位：元）				
收支项目 日期	支出项目	支出金额	收入项目	收入金额
8月10日			生活费	1800
8月15日	电费	30		
8月15日	买书	450		
8月17日	水费	15		
8月19日			稿费	300
8月21日	请客吃饭	245		
8月25日	买日用品	230		
8月26日			奖学金	200
统计	支出总额	970		
	收入总额	2300		

图 2-16

2.16 第 16 题

【操作要求】

（1）在“D:\”下，以用户名为文件名新建一个文件夹，将此文件夹的属性改为“只读”。

（2）在 Word 中录入原文中的文字，并以“2-16”为文件名保存到上一步创建的文件夹中，扩展名默认。

（3）设置页面格式：自定义纸张大小（宽度：21cm，高度：29cm），纵向，上、下页边距为 2cm，左、右页边距为 3cm。

（4）标题格式：二号，华文新魏，红色，加粗，居中。

（5）将正文各段文字设置为四号，仿宋，深红，行距设为 18 磅。

（6）将正文第二～第四段设置如样文所示的编号。

【原文】

什 么 是 ERP

ERP 是 Enterprise Resource Planning（企业资源计划）的简称，是 20 世纪 90 年代美国一家 IT 公司根据当时计算机信息、IT 技术发展及企业对供应链管理的需求，预测在今后信息时代企业管理信息系统的发展趋势和即将发生变革，而提出了这个概念。

ERP 是针对物质资源管理（物流）、人力资源管理（人流）、财务资源管理（财流）、信息资源管理（信息流）集成一体化的企业管理软件。一个由 Gartner Group 开发的概念，描述下一代制造商业系统和制造资源计划（MRP II）软件。它将包含客户/服务架构，使用图形用户接口，应用开放系统制作。除了已有的标准功能，它还包括其他特性，如品质、过程运作管理以及调整报告等。特别是，ERP 采用的基础技术将同时给用户软件和硬件两方面的独立性从而更加容易升级。ERP 的关键在于所有用户能够裁剪其应用，因而具有天然的易用性。

但是，ERP 本身不是管理，它不可以取代管理。ERP 本身不能解决企业的管理问题。企业的管理问题只能由管理者自己去解决。ERP 可以是管理者解决企业管理问题的一种工具。不少企业因为错误地将 ERP 当成了管理本身，在 ERP 实施前未能认真地分析企业的管理问题，寻找解决途径，而过分地依赖 ERP 来解决问题。

最后，不但老的问题得不到有效地解决，又产生了许多新的问题，最终导致了 ERP 实施的失败。企业也因此而伤了元气。正确地认识 ERP 是什么与不是什么，就会在 ERP 实施之前认真分析企业在管理上存在的问题，了解 ERP 对解决这些问题的作用，充分细致地计划与落实利用 ERP 解决这些问题的程序，为 ERP 充分发挥效率提供基础。

【样文】

如图 2-17 所示。

什么是 ERP

ERP 是 Enterprise Resource Planning （企业资源计划）简称，是 20 世纪 90 年代美国一家 IT 公司根据当时计算机信息、IT 技术发展及企业对供应链管理的需求，预测在今后信息时代企业管理信息系统的发展趋势和即将发生的变革，而提出了这个概念。

1. ERP 是针对物质资源管理（物流）、人力资源管理（人流）、财务资源管理（财流）、信息资源管理（信息流）集成一体化的企业管理软件。一个由 Gartner Group 开发的概念，描述下一代制造商业系统和制造资源计划（MRP II）软件。它将包含客户/服务架构，使用图形用户接口，应用开放系统制作。除了已有的标准功能，它还包括其他特性，如品质、过程运作管理以及调整报告等。特别是，ERP 采用的基础技术将同时给用户软件和硬件两方面的独立性从而更加容易升级。ERP 的关键在于所有用户能够裁剪其应用，因而具有天然的易用性。
2. 但是，ERP 本身不是管理，它不可以取代管理。ERP 本身不能解决企业的管理问题。企业的管理问题只能由管理者自己去解决。ERP 可以是管理者解决企业管理问题的一种工具。 不少企业因为错误地将 ERP 当成了管理本身，在 ERP 实施前未能认真地分析企业的管理问题，寻找解决途径，而过分地依赖 ERP 来解决问题。
3. 最后，不但老的问题得不到有效解决，又产生了许多新的问题，最终导致了 ERP 实施的失败。企业也因此而伤了元气。正确地认识 ERP 是什么与不是什么，就会在 ERP 实施之前认真分析企业在管理上存在的问题，了解 ERP 对解决这些问题的作用，充分细致地计划与落实利用 ERP 解决这些问题的程序，为 ERP 充分发挥效率提供基础。

图 2-17

2.17 第 17 题

【操作要求】

（1）在“D:\”下，以用户名为文件名新建一个文件夹，将此文件夹的属性改为“只读”。

（2）在 Word 中录入原文中的文字，并以“2-17”为文件名保存到上一步创建的文件夹中，扩展名默认。

（3）标题格式：28 磅，华文细黑，海绿色，加粗，居中。

（4）将正文第一段设置为隶书，小四号，左对齐；第二～第六段设置为宋体，五号，右对齐。

（5）将正文第二段分两栏，栏宽相等，加分隔线。

（6）将正文第二段设置为隶书，小四号，浅绿色底纹，并设置方框，线型：单实线，1 磅。

【原文】

Java

Java，是由 Sun Microsystems 公司于 1995 年 5 月推出的 Java 程序设计语言和 Java 平台的总称。用 Java 实现的 HotJava 浏览器（支持 Java applet）显示了 Java 的魅力：跨平台、动态的 Web、Internet 计算。从此，Java 被广泛接受并推动了 Web 的迅速发展，常用的浏览器现在均支持 Java applet。

Java 平台由 Java 虚拟机（Java Virtual Machine）和 Java 应用编程接口（Application Programming Interface，API）构成。Java 应用编程接口为 Java 应用提供了一个独立于操作系统的标准接口，可分为基本部分和扩展部分。在硬件或操作系统平台上安装一个 Java 平台之后，Java 应用程序就可运行。现在 Java 平台已经嵌入了几乎所有的操作系统。这样 Java 程序可以只编译一次，就可以在各种系统中运行。Java 应用编程接口已经从 1.1x 版发展到 1.2 版。目前，常用的 Java 平台基于 Java1.4，最近版本为 Java1.7。

【样文】

如图 2-18 所示。

Java

Java，是由 Sun Microsystems 公司于 1995 年 5 月推出的 Java 程序设计语言和 Java 平台的总称。用 Java 实现的 HotJava 浏览器（支持 Java applet）显示了 Java 的魅力：跨平台、动态的 Web、Internet 计算。从此，Java 被广泛接受并推动了 Web 的迅速发展，常用的浏览器现在均支持 Java applet。

Java 平台由 Java 虚拟机（Java Virtual Machine）和 Java 应用编	程接口（Application Programming Interface，API）构成。

Java 应用编程接口为 Java 应用提供了一个独立于操作系统的标准接口，可分为基本部分和扩展部分。

在硬件或操作系统平台上安装一个 Java 平台之后，Java 应用程序就可运行。现在 Java 平台已经嵌入了几乎所有的操作系统。

这样 Java 程序可以只编译一次，就可以在各种系统中运行。Java 应用编程接口已经从 1.1x 版发展到 1.2 版。

目前，常用的 Java 平台基于 Java1.4，最近版本为 Java1.7。

图 2-18

2.18 第 18 题

【操作要求】

（1）在"D:\"下，以用户名为文件名新建一个文件夹，将此文件夹的属性改为"只读"。

（2）在 Word 中录入原文中的文字，并以"2-18"为文件名保存到上一步创建的文件夹中，扩展名默认。

（3）标题格式：25 磅，华文中宋，金色，加粗，居中。

（4）正文各段字符格式：隶书、五号、天蓝色；段落格式：悬挂缩进 2 字符、行间距为固定值 25 磅、两端对齐。

（5）将文中所有的 Oracle 设置为粗体、玫瑰红色、加着重号。

（6）为本文添加水印背景，水印样式：文字水印，文本：公司绝密，字体：宋体，尺寸：自动，颜色：灰色－25% 半透明，版式：水平。

【原文】

Oracle

Oracle 是殷墟（Yin Xu）出土的甲骨文（oracle bone inscriptions）的英文翻译的第一个单词，在英语里是“神谕”的意思。Oracle 是世界领先的信息管理软件开发商，因其复杂的关系数据库产品而闻名。Oracle 数据库产品为财富排行榜上的前 1000 家公司所采用，许多大型网站也选用了 Oracle 系统。

Oracle 的关系数据库是世界第一个支持 SQL 语言的数据库。1977 年，Lawrence J.Ellison 领着一些同事成立了 Oracle 公司，他们的成功强力反击了那些说关系数据库无法成功商业化的说法。现在，Oracle 公司的财产净值已经由当初的 2000 美元增值到了现在的年收入超过 97 亿美元。

Oracle 的目标定位于高端工作站以及作为服务器的小型计算机。Oracle 的路线同 Sun 微系统公司类似，都提出了网络计算机的概念。Oracle 宣称自己是世界上首家百分之百进行基于互联网的企业软件的软件公司。

整个产品线包括数据库、服务器、企业商务应用程序以及应用程序开发和决策支持工具。从 Oracle 首席执行官 Ellison 的发言可以看出 Oracle 对网络计算的信心，他说：“Oracle 公司的成败依赖于互联网是否能够成为将来的主流计算方式，如果答案是‘是’，Oracle 就赢了。”

【样文】

如图 2-19 所示。

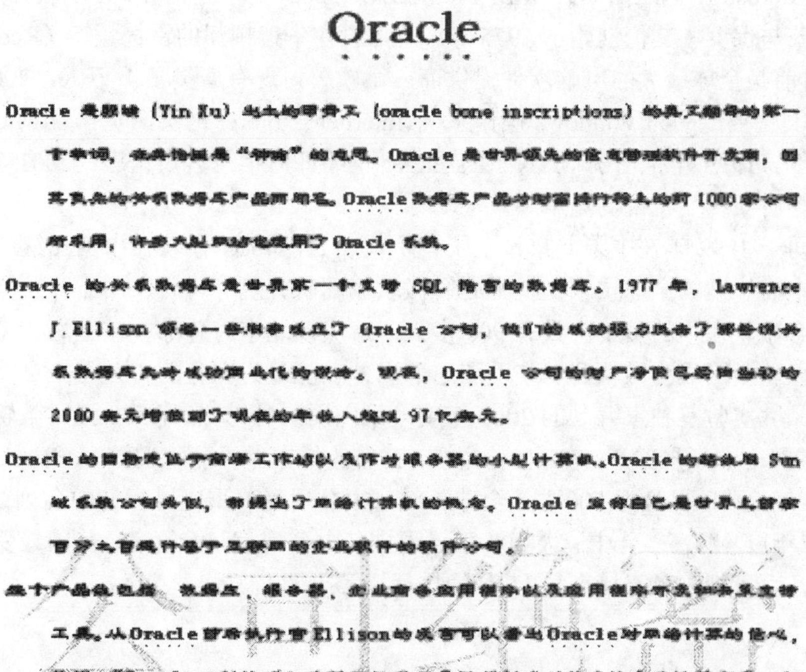

Oracle

Oracle 是殷墟（Yin Xu）出土的甲骨文（oracle bone inscriptions）的英文翻译的第一个单词，在英语里是“神谕”的意思。Oracle 是世界领先的信息管理软件开发商，因其复杂的关系数据库产品而闻名。Oracle 数据库产品为财富排行榜上的前 1000 家公司所采用，许多大型网站也选用了 Oracle 系统。

Oracle 的关系数据库是世界第一个支持 SQL 语言的数据库。1977 年，Lawrence J.Ellison 领着一些同事成立了 Oracle 公司，他们的成功强力反击了那些说关系数据库无法成功商业化的说法。现在，Oracle 公司的财产净值已经由当初的 2000 美元增值到了现在的年收入超过 97 亿美元。

Oracle 的目标定位于高端工作站以及作为服务器的小型计算机。Oracle 的路线同 Sun 微系统公司类似，都提出了网络计算机的概念。Oracle 宣称自己是世界上首家百分之百进行基于互联网的企业软件的软件公司。

整个产品线包括数据库、服务器、企业商务应用程序以及应用程序开发和决策支持工具。从 Oracle 首席执行官 Ellison 的发言可以看出 Oracle 对网络计算的信心，他说：“Oracle 公司的成败依赖于互联网是否能够成为将来的主流计算方式，如果答案是‘是’，Oracle 就赢了。”

图 2-19

2.19 第 19 题

【操作要求】

（1）在“D:\”下，以用户名为文件名新建一个文件夹，将此文件夹的属性改为“只读”。

（2）在 Word 中录入原文中的文字，并以“2-19”为文件名保存到上一步创建的文件夹中，扩展名默认。

（3）标题格式：二号，华文细黑，青色，加粗，居中。

（4）正文各段字符格式：宋体、五号、深青色；段落格式：首行缩进 2 字符、行间距为固定值 22 磅、两端对齐。

（5）为正文第二段设置分栏（偏右的两栏，左栏宽 25 个字符，栏间距 2 个字符，加分隔线）；设置底纹效果（灰色－15%）。

（6）将正文中所有的“微软”设置粗体、深红色、加着重号。

【原文】

微　软

微软（Microsoft，NASDAQ：MSFT，HKEx: 4338）公司是世界 PC 机软件开发的先导，由比尔·盖茨与保罗·艾伦创始于 1975 年，总部设在华盛顿州的雷德蒙市（Redmond，邻近西雅图）。目前是全球最大的电脑软件提供商。微软公司现有雇员 6.4 万人，2005 年营业额 368 亿美元。其主要产品为 Windows 操作系统、Internet Explorer 网页浏览器及 Microsoft Office 办公软件套件。1999 年推出了 MSN Messenger 网络即时信息客户程序，2001 年推出 Xbox 游戏机，参与游戏终端机市场竞争。

微软公司于 1992 年在中国北京设立了首个代表处，此后，微软在中国相继成立了微软中国研究开发中心、微软全球技术支持中心和微软亚洲研究院等科研、产品开发与技术支持服务机构。如今微软在华的员工总数有 900 多人，形成以北京为总部、在上海、广州设有分公司的架构，微软中国成为微软公司在美国总部以外功能最为完备的子公司。

由世界品牌实验室独家编制的 2009 年度（第六届）《世界品牌 500 强》微软击败哈佛大学，从去年的第七名跃居第一，在《巴伦周刊》公布的排在世界品牌实验室（World Brand Lab）编制的 2006 年度《世界品牌 500 强》全球 100 家大公司受尊重度排行榜中名列第二十二。该企业在 2008 年度《财富》全球最大 500 家公司排名中名列第三十五名，美国最受赞赏公司排行榜第十位，百度搜索风云榜今日 IT 品牌排行榜第十四名。

【样文】

如图 2-20 所示。

微软

微软（Microsoft，NASDAQ：MSFT，HKEx：4338）公司是世界PC机软件开发的先导，由比尔·盖茨与保罗·艾伦创始于1975年，总部设在华盛顿州的雷德蒙市（Redmond邻近西雅图）。目前是全球最大的电脑软件提供商。微软公司现有雇员6.4万人，2005年营业额368亿美元。其主要产品为Windows操作系统、Internet Explorer网页浏览器及Microsoft Office办公软件套件。1999年推出了MSN Messenger网络即时信息客户程序，2001年推出Xbox游戏机，参与游戏终端机市场竞争。

微软公司于1992年在中国北京设立了首个代表处，此后，微软在中国相继成立了微软中国研究开发中心、微软全球技术支持中心和微软亚洲研究院等科研、产品开发与技术支持服务机构。如今微软在华的员工总数有900多人，形成以北京为总部、在上海、广州设有分公司的架构，微软中国成为微软公司在美国总部以外功能最为完备的子公司。

由世界品牌实验室独家编制的2009年度(第六届)《世界品牌500强》微软击败哈佛大学，从去年的第七名跃居第一，在《巴伦周刊》公布的排在世界品牌实验室（World Brand Lab）编制的2006年度《世界品牌500强》全球100家大公司受尊重度排行榜中名列第二十二。该企业在2008年度《财富》全球最大500家公司排名中名列第三十五名。美国最受赞赏公司排行榜第十位。百度搜索风云榜 今日IT品牌排行榜第十四名。

图2-20

2.20 第 20 题

【操作要求】

（1）在“D:\”下，以用户名为文件名新建一个文件夹，将此文件夹的属性改为“只读”。

（2）在Word中录入原文中的文字，并以“2-20”为文件名保存到上一步创建的文件夹中，扩展名默认。

（3）设置页面格式：A4纸，纵向，上、下页边距为2.15cm，左、右页边距为3.07cm。

（4）标题格式：二号，隶书，绿色，加粗，居中。

（5）为标题添加底纹，底纹效果（灰色－10%）。

（6）将正文各段文字设置为小四号黑体，行距设为15磅。

（7）为正文各段设置如样文所示的项目符号（项目符号位置：缩进位置 0.8cm；文字位置：制表位位置0.8cm、缩进位置0.3cm）。

（8）设置页眉为“国家电网公司”（黑体、小五号、深黄色），如样文。

【原文】

国家电网公司

国家电网公司是中国最大的电力企业，前身为包括全国电网和所有发电厂的“国家电力公司”。在2000年开始的以“厂网分离”为标志的电力体制改革后，原国家电力公司中剥离出的电力传输、配电等电网业务由国家电网公司运行，而各发电厂被划归分属五大“发电集团”（大唐、中电投、国电、华电、华能）运行。

国家电网公司成立于2002年12月29日，是经国务院同意进行国家授权投资的机构和国家控股公司的试点单位。公司作为关系国家能源安全和国民经济命脉的国有重要骨干企业，以投资建设运营电网为核心业务，为经济社会发展提供坚强的电力保障。公司注册资本金2000亿元，经营区域覆盖26个省、自治区、直辖市，覆盖国土面积的88%以上。公司实行总经理负责制，总经理是公司的法定代表人。

2006年公司售电量1.71万亿千瓦时，主营业务收入8529亿元，资产总额12141亿元，资产负债率60.43%。2005年主营业务收入位居《财富》杂志2006年全球500强企业第32名。

2008年，公司主营业务收入11500亿元，资产总额12141亿元，资产负债率60.43%。2005年主营业务收入位居《财富》杂志2006年全球500强企业第32名。2007年位居《财富》杂志全球500强企业第29名；2008年位居《财富》杂志全球500强企业第24名；2009年《财富》世界500强排行第15名。在《中国企业500强》中的排名第三。国家电网公司目前共拥有职工150.8万。

【样文】

如图2-21所示。

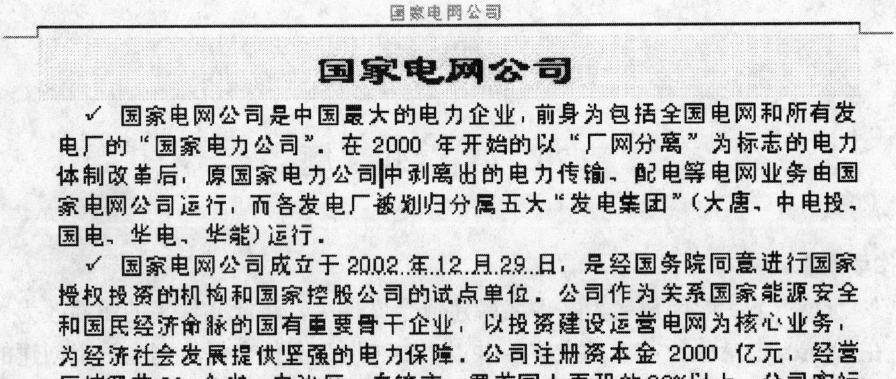

国家电网公司

国家电网公司

✓ 国家电网公司是中国最大的电力企业，前身为包括全国电网和所有发电厂的“国家电力公司”。在2000年开始的以“厂网分离”为标志的电力体制改革后，原国家电力公司中剥离出的电力传输、配电等电网业务由国家电网公司运行，而各发电厂被划归分属五大“发电集团”（大唐、中电投、国电、华电、华能）运行。

✓ 国家电网公司成立于2002年12月29日，是经国务院同意进行国家授权投资的机构和国家控股公司的试点单位。公司作为关系国家能源安全和国民经济命脉的国有重要骨干企业，以投资建设运营电网为核心业务，为经济社会发展提供坚强的电力保障。公司注册资本金2000亿元，经营区域覆盖26个省、自治区、直辖市，覆盖国土面积的88%以上。公司实行总经理负责制，总经理是公司的法定代表人。

✓ 2006年公司售电量1.71万亿千瓦时，主营业务收入8529亿元，资产总额12141亿元，资产负债率60.43%。2005年主营业务收入位居《财富》杂志2006年全球500强企业第32名。

✓ 2008年，公司主营业务收入11500亿元，资产总额12141亿元，资产负债率60.43%。2005年主营业务收入位居《财富》杂志2006年全球500强企业第32名。2007年位居《财富》杂志全球500强企业第29名；2008年位居《财富》杂志全球500强企业第24名；2009年《财富》世界500强排行第15名。在《中国企业500强》中的排名第三。国家电网公司目前共拥有职工150.8万。

图2-21

第3章 电子表格应用

Microsoft Excel是微软公司的办公软件Microsoft Office的组件之一，是由Microsoft为Windows和Apple Macintosh操作系统的电脑而编写和运行的一款电子表格处理软件。Excel是微软办公套装软件的一个重要的组成部分，它可以进行各种数据的处理、统计分析和辅助决策操作，广泛地应用于管理、统计财经、金融等众多领域。

学会使用Excel的各种自定义功能，充分挖掘Excel的潜能，实现各种操作目标和个性化管理。学会综合运用各种Excel公式、函数解决复杂的管理问题和用Excel处理及分析不同来源、不同类型的各种数据，以及灵活运用Excel的各种功能进行财务数据分析和管理。真正让Excel成为工作中得心应手的工具。

一、轻松创建专业级的报表

1. 高效率的报表制作
2. 导入非Excel格式的外部数据
3. 快速完成数据输入的技巧
4. 数据验证

二、公式与函数在Excel中的运用

1. 公式的类型
2. 单元格引用类型
3. 基本函数的运用
4. 各种函数——轻松搞定所有计算问题

三、制作满意的图表——让您的数据看上去很清晰

1. 图表的制作
2. 图表的美化和高级美化
3. 本量利图表的制作
4. 以不变应万变——动态图表的制作

四、Excel在报告中的应用

1. Excel数据查询技巧
2. Excel数据分析技巧
3. Excel数据展现

3.1 第 1 题

【操作要求】

打开"光盘\题库\第3章\1.xls"文件，并按下列要求进行操作。

一、按样文 3-1A 设置工作表及表格

1. 设置工作表行、列

（1）调整列宽；在标题下插入一行，行高为 17。

（2）将“税金总额”一行移至最后一行。

2. 设置单元格格式

（1）将标题中的“（单位：百万元）”移至标题下新插入的行。设置格式：字体为宋体；字号为 10；合并 B3:F3 单元格，内容右对齐。

（2）标题及表格底纹：浅黄色。

（3）标题格式：字体为隶书；字号为 20；粗体，跨列居中；字体颜色为深蓝。

（4）表格中的数据单元格区域设置为会计专用格式，应用货币符号；其他各单元格内容居中。

3. 设置表格边框线

按样文为表格设置相应的边框格式。

4. 定义单元格名称

将“第四季度”单元格的名称定义为“销售额最多”。

5. 添加批注

为标题添加批注“资料来源：网络”。

6. 重命名工作表

将 Sheet1 工作表重命名为“电力生产总体概况”。

7. 复制工作表

将“电力生产总体概况”工作表复制到 Sheet2 表中。

8. 设置打印区域

在 Sheet2 中的“第一季度”一列前插入分页线；设置标题为打印标题。

二、输入公式

按样文 3-1B，在“电力生产总体概况”工作表的表格下方建立公式。

三、建立图表

按样文 3-1C，使用一～四季度各项数据创建一个簇状柱型图。

【样文 3-1A】 如图 3-1 所示。

电力生产2003年总体概况

（单位：百万元）

主要经济指标	第一季度	第二季度	第三季度	第四季度
资产总计	￥ 1 223 948	￥ 1 251 754	￥ 1 390 736	￥ 1 437 822
负债合计	￥ 767 150	￥ 782 589	￥ 859 064	￥ 895 546
产品销售收入	￥ 108 807	￥ 228 220	￥ 360 164	￥ 498 787
利润总额	￥ 11 296	￥ 25 412	￥ 45 133	￥ 58 536
税金总额	￥ 10 203	￥ 21 600	￥ 33 769	￥ 48 150

图 3-1

【样文 3-1B】 如图 3-2 所示。

$$\sum_{k=1}^{n} f(\xi_k)$$

图 3-2

【样文 3-1C】 如图 3-3 所示。

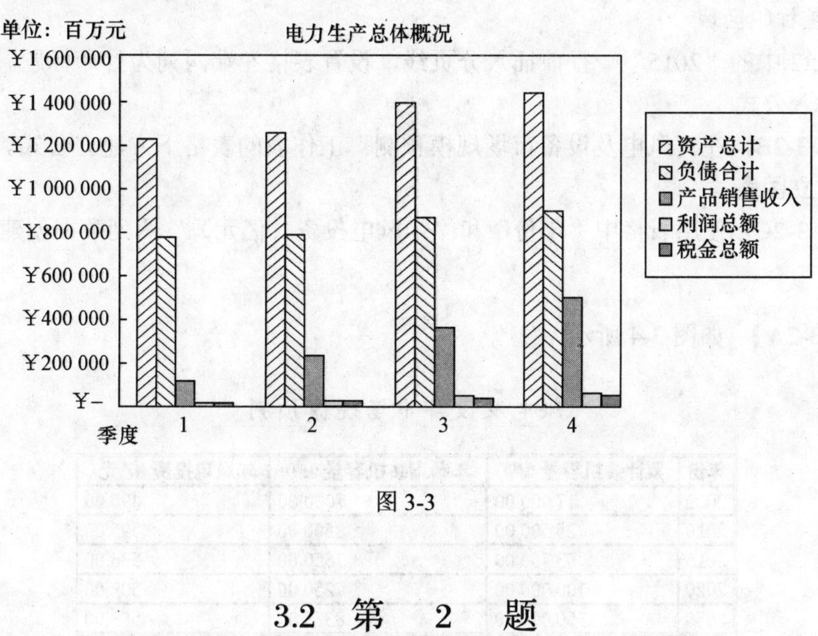

图 3-3

3.2 第 2 题

【操作要求】

打开“光盘\题库\第 3 章\2.xls”文件，并按下列要求进行操作。

一、按样文 3-2A 设置工作表及表格

1. 设置工作表行、列

（1）适当调整列宽，在标题下插入一行，在最左侧插入一列。

（2）将“年风电投资（亿元）”列移至最后一列。

2. 设置单元格格式

（1）标题格式：字体为楷体，字号为 16，跨列居中。

（2）表头行格式：字体为黑体，字号为 12，居中，字体颜色为红色。

（3）表格第一列：居中。

（4）表格中的数据单元格区域设置为数值格式，保留 2 位小数，右对齐；其他各单元格内容居中。

3. 设置表格边框线

按样文为表格设置相应的边框格式。

4. 定义单元格名称

将“年风电投资（亿元）”单元格的名称定义为“2008 年价格估算”。

5. 添加批注

为标题添加批注“资料来源：网络”。

6. 重命名工作表

将 Sheet1 工作表重命名为“风电及设备市场规模预测”。

7. 复制工作表

将“风电及设备市场规模预测”工作表复制到 Sheet2 表中。

8. 设置打印区域

在 Sheet2 中的“2015”一行前插入分页线，设置表格左端两列为打印标题。

二、输入公式

按样文 3-2B，在“风电及设备市场规模预测”工作表的表格下方建立公式。

三、建立图表

按样文 3-2C，使用表格中“年份”和“年风电投资（亿元）”两列数据创建一个数据点折线图。

【样文 3-2A】 如图 3-4 所示。

风电及设备市场规模预测

年份	累计装机容量(MW)	年新增装机容量(MW)	年风电投资(亿元)
2009	17 000.00	7000.00	490.00
2010	25 500.00	8500.00	595.00
2015	63 750.00	7650.00	536.00
2020	100 000.00	7250.00	508.00
2050	350 000.00	8333.00	583.00

图 3-4

【样文 3-2B】 如图 3-5 所示。

$$\therefore \begin{array}{r} b \\ \overline{)a} \end{array}$$

图 3-5

【样文 3-2C】 如图 3-6 所示。

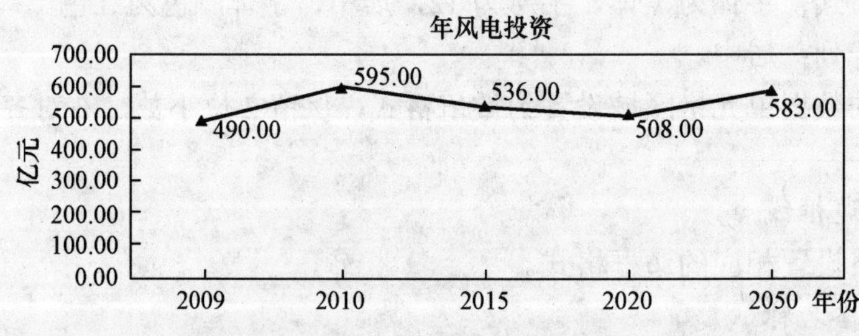

图 3-6

3.3 第 3 题

【操作要求】

打开“光盘\题库\第 3 章\3.xls”文件，并按下列要求进行操作。

一、按样文 3-3A 设置工作表及表格

1. 设置工作表行、列

（1）在标题下插入一行，并按样文输入内容。

（2）将“江西”一行移到“湖北”一行之前。

（3）在“地区”一列之前（不含标题）插入一列，并按样文输入、设置内容。

2. 设置单元格格式

（1）标题格式：字体为黑体，字号为 20，粗体，跨列居中；单元格底纹颜色为浅绿色，图案为 6.25%灰色，字体颜色为深蓝。

（2）表格中的数据单元格区域设置为数值格式，使用千位分隔符，右对齐；其他各单元格内容居中。

3. 设置表格边框线

按样文为表格设置相应的边框格式。

4. 定义单元格名称

将标题的名称定义为“初稿”。

5. 添加批注

为“0”单元格添加批注“未安排直接建设资金”。

6. 重命名工作表

将 Sheet1 工作表重命名为“基建完成情况”。

7. 复制工作表

将“基建完成情况”工作表复制到 Sheet2 表中。

8. 设置打印标题

在 Sheet2 表“四川”一行之前设置分页线，设置标题及表头行为打印标题。

二、输入公式

按样文 3-3B，在“基建完成情况”工作表的表格下方建立公式。

三、建立图表

按样文 3-3C，使用“地区”和“火电”2 列的文字和数据（不含“总计”行的文字和数据）创建一个三维簇状柱形图。

【样文 3-3A】 如图 3-7 所示。

【样文 3-3B】 如图 3-8 所示。

【样文 3-3C】 如图 3-9 所示。

华中电网2000年基建投资完成情况

单位：万元

序号	地区	水电	火电	核电	送电	变电	合计
1	江西	26 416	215 438	11 132	10 670	26 446	290 102
2	湖北	18 339	35 419	36 147	32 964	31 490	154 359
3	湖南	109 823	98 538	46 386	32 835	25 000	312 582
4	河南	0	279 109	37 168	78 256	11 200	405 733
5	四川	230 407	29 000	31 429	27 251	5 647	323 734
6	重庆	16 911	200	1 365	28 034	12 500	59 010
总计		401 896	657 704	163 627	210 010	112 283	1 545 520

图 3-7

$$a \notin b$$

图 3-8

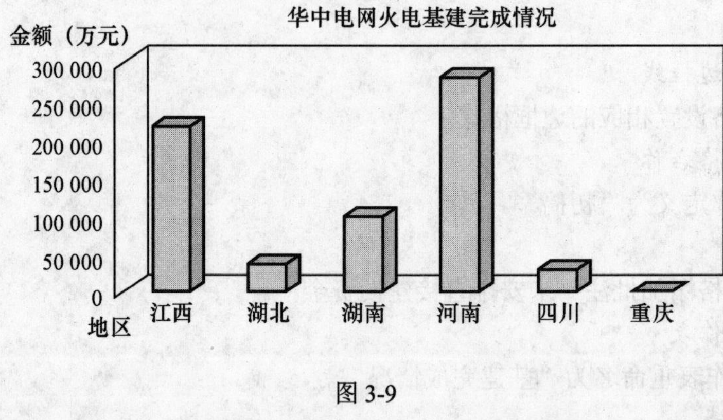

图 3-9

3.4 第 4 题

【操作要求】

打开“光盘\题库\第 3 章\4.xls”文件，并按下列要求进行操作。

一、按样文 3-4A 设置工作表及表格

1. 设置工作表行、列

（1）将表格向右移动 1 列，向下移动 2 行。

（2）将“合计”一行移至最后一行。

2. 设置单元格格式

（1）在 B2 单元格输入标题：“电量销售统计”。

（2）标题格式：字体为隶书，字号为 16，跨列居中，底纹为浅黄色。

（3）表头行格式：字体为黑体，字号为 12，文字在各单元格中居中。

（4）表格中“地区”一列格式：字体为楷体，文字在单元格中居中。

（5）表格中数据单元格区域设置为“数值”，保留 2 位小数。

3. 设置表格边框线

按样文为表格设置相应的边框格式。

4. 定义单元格名称

将“地区”单元格名称定义为“华中电网”。

5. 添加批注

为“12.79”单元格添加批注“不完全统计”。

6. 重命名工作表

将 Sheet1 工作表重命名为“电量销售统计”。

7. 复制工作表

将“电量销售统计”工作表复制到 Sheet2 表中。

8. 设置打印标题

在 Sheet2 表“12 月”一列之前插入分页线，设“地区”为打印标题。

二、输入公式

按样文 3-4B，在“电量销售统计”工作表的表格下方建立公式。

三、建立图表

按样文 3-4C，使用各个地区的文字和数据创建一个簇状柱形图。

【样文 3-4A】 如图 3-10 所示。

电量销售统计

单位：亿 kW·h

地区	10月	11月	12月
江西	28.71	28.49	30.09
湖北	77.41	71.30	78.52
湖南	43.89	42.62	45.52
河南	77.04	89.06	90.78
四川	74.95	76.68	68.20
重庆	12.79	16.52	18.79
合计	314.79	324.67	331.90

图 3-10

【样文 3-4B】 如图 3-11 所示。

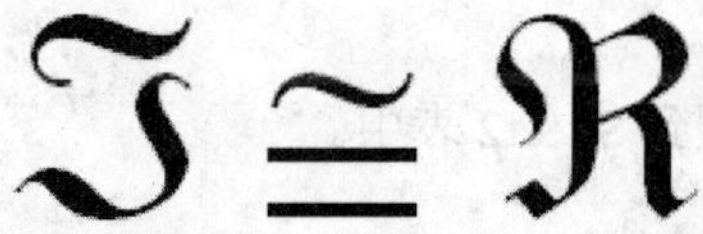

图 3-11

【样文 3-4C】 如图 3-12 所示。

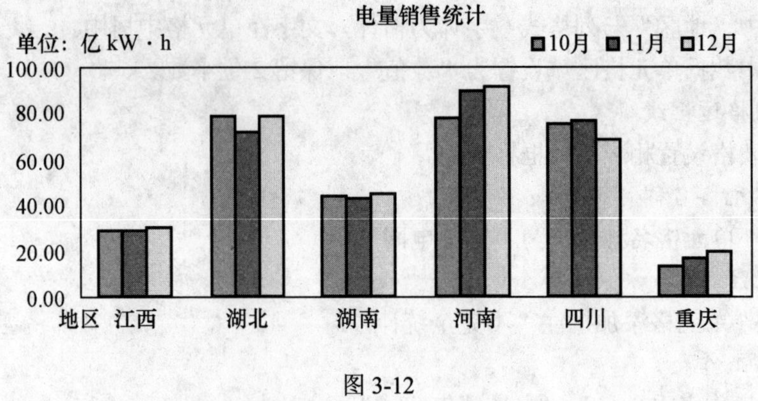

图 3-12

3.5 第 5 题

【操作要求】

打开"光盘\题库\第 3 章\5.xls"文件，并按下列要求进行操作。

一、按样文 3-5A 设置工作表及表格

1. 设置工作表行、列

（1）删除"名次（06）"一列，将"所占比例"一列移到"增长率"一列之前。

（2）在标题行之前插入一空行。

2. 设置单元格格式

（1）标题格式：字体为黑体，字号为 16，跨列居中，底纹为深蓝，字体颜色为黄色。

（2）表头行：底纹为黄色，行高为 30，居中。

（3）表格中数据右对齐，其他各单元格内容居中；表格底纹为天蓝。

（4）"所占比例"和"增长率"两列数据使用百分比格式。

3. 设置表格边框线

按样文为表格设置相应的边框格式。

4. 定义单元格名称

将"公司"单元格名称定义为"电力设备制造行业"。

5. 添加批注

为"名次"单元格添加批注"依据上年资料统计"。

6. 重命名工作表

将 Sheet1 工作表重命名为"公司排名"。

7. 复制工作表

将"公司排名"工作表复制到 Sheet2 表中。

8. 设置打印标题

在 Sheet2 表"沪 MWB"一行之后插入分页线，设表格标题和表头两行为打印标题。

二、输入公式

按样文 3-5B，在"公司排名"工作表的表格下方建立公式。

三、建立图表

按样文 3-5C，使用“公司”和“增长率”两列数据创建一个圆环图。

【样文 3-5A】 如图 3-13 所示。

国网公司电抗器集中招标市场份额统计				
名次	公司	数量(台)	所占比例	增长率
1	西安中扬	288	38.15%	92.00%
2	北京电力	279	36.95%	-14.68%
3	西电公司	76	10.07%	35.71%
4	特变电工	37	4.90%	-66.67%
5	沪MWB	27	3.58%	-47.06%
6	保定保菱	23	3.05%	43.75%
7	顺特电气	21	2.78%	-30.00%
8	沪伊藤忠	2	0.26%	100.00%
9	思源电气	1	0.13%	-50.00%
10	重庆ABB	1	0.13%	0.00%

图 3-13

【样文 3-5B】 如图 3-14 所示。

$$r\sqrt{1+k^2}$$

图 3-14

【样文 3-5C】 如图 3-15 所示。

各公司所占市场份额

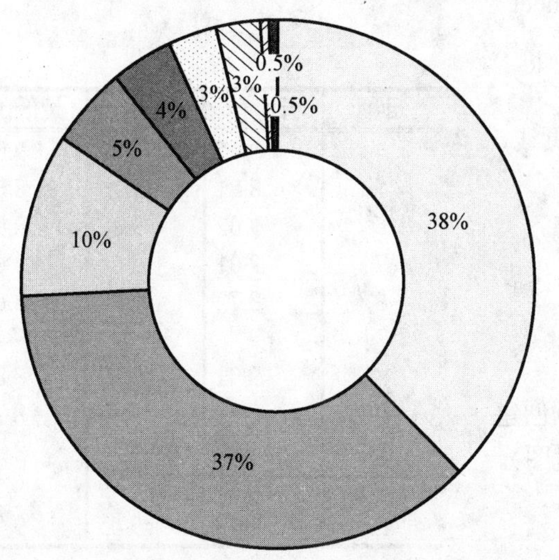

西安中扬
北京电力
西电公司
特变电工
沪MWB
保定保菱
顺特电气
沪伊藤忠
思源电气
重庆ABB

图 3-15

3.6 第 6 题

【操作要求】

打开“光盘\题库\第 3 章\6.xls”文件，并按下列要求进行操作。

一、按样文 3-6A 设置工作表及表格

1. 设置工作表行、列

（1）在标题下插入一行，设置白色底纹。

（2）在日期 8 和 11 之间增加一行，设置浅绿色底纹。

2. 设置单元格格式

（1）标题格式：字体为隶书，字号为 20，粗体，合并及居中；底纹为天蓝；字体颜色为红色。

（2）表格中的数据单元格区域设置为数值格式，保留 2 位小数，右对齐；其他各单元格内容居中；表格底纹为浅黄。

（3）适当调整列宽。

3. 设置表格边框线

按样文为表格设置相应的边框格式。

4. 定义单元格名称

将“9.55”单元格的名称定义为“近期高点”。

5. 添加批注

为标题添加批注“绩优股”。

6. 重命名工作表

将 Sheet1 工作表重命名为“股票行情”。

7. 复制工作表

将“股票行情”工作表复制到 Sheet2 表中。

8. 设置打印区域

在日期为 11 的一行之前插入分页线，设置标题为打印标题。

二、输入公式

按样文 3-6B，在“股票行情”工作表的表格下方建立公式。

三、建立图表

按样文 3-6C，使用日期及股票数据创建一个股价图（开盘—盘高—盘低—收盘图）。

【样文 3-6A】 如图 3-16 所示。

赣能股份股票行情

日期	开盘价	最高价	最低价	收盘价
4	9.05	8.81	9.02	8.85
5	8.81	9.06	8.61	9.06
6	9.02	9.22	8.90	9.01
7	9.01	9.05	8.66	8.74
8	8.72	9.00	8.65	8.98
11	9.02	9.09	8.80	8.87
12	8.82	9.14	8.74	9.14
13	8.92	9.43	8.88	9.32
14	9.28	9.49	9.25	9.42
15	9.43	9.55	9.20	9.30

图 3-16

【样文 3-6B】 如图 3-17 所示。

$$\sum_{n-1}^{m} \partial_n^{kp}$$

图 3-17

【样文 3-6C】 如图 3-18 所示。

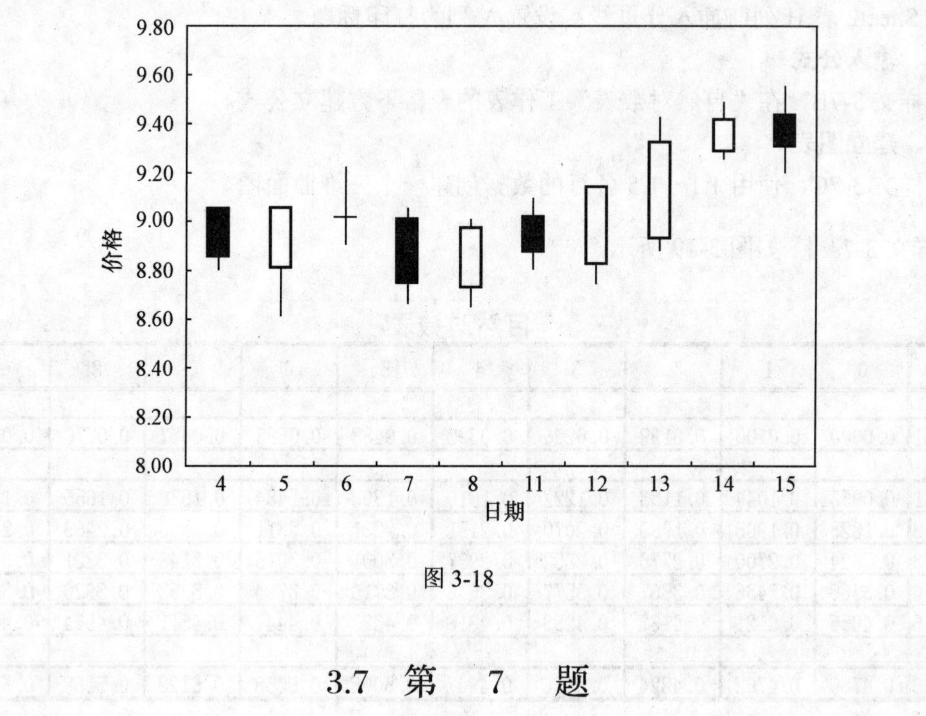

图 3-18

3.7 第 7 题

【操作要求】

打开“光盘\题库\第 3 章\7.xls”文件，并按下列要求进行操作。

一、按样文 3-7A 设置工作表及表格

1. 设置工作表行、列

（1）设置表格第 1 列宽为 4.5，其他各列为 8。

（2）在“1.0”之前、后及“1.6”一行之前各插入一空行。

2. 设置单元格格式

（1）标题格式：字体为黑体，字号为 16，跨列居中。

（2）表格中的数据单元格区域设置为数值格式，保留 4 位小数，右对齐；表头各单元格居中；第 1 列数字右对齐。

3. 设置表格边框线

按样文为表格设置相应的边框格式。

4. 定义单元格名称

将标题的名称定义为“数学类”。

5. 添加批注

为 *N* 单元格添加批注“自然对数”。

6. 重命名工作表

将 Sheet1 工作表重命名为“自然对数表”。

7. 复制工作表

将“自然对数表”工作表复制到 Sheet2 表中。

8. 设置打印标题

在 Sheet2 表 H 列前插入分页线；设置 *N* 列为打印标题。

二、输入公式

按样文 3-7B，在“自然对数表”工作表的表格下方建立公式。

三、建立图表

按样文 3-7C，使用 1.1～1.5 各行的数据创建一个三维曲面图。

【样文 3-7A】 如图 3-19 所示。

自然对数表

N	0	1	2	3	4	5	6	7	8	9
1	0.0000	0.0100	0.0198	0.0296	0.0392	0.0488	0.0583	0.0677	0.0770	0.0862
1.1	0.0953	0.1044	0.1133	0.1222	0.1310	0.1398	0.1484	0.1570	0.1655	0.1740
1.2	0.1823	0.1906	0.1989	0.2070	0.2151	0.2231	0.2311	0.2390	0.2469	0.2546
1.3	0.2624	0.2700	0.2776	0.2852	0.2927	0.3001	0.3075	0.3148	0.3221	0.3293
1.4	0.3365	0.3436	0.3507	0.3577	0.3646	0.3716	0.3784	0.3853	0.3920	0.3988
1.5	0.4055	0.4121	0.4187	0.4253	0.4318	0.4383	0.4447	0.4511	0.4574	0.4637
1.6	0.4700	0.4762	0.4824	0.4886	0.4947	0.5008	0.5068	0.5128	0.5188	0.5247

图 3-19

【样文 3-7B】 如图 3-20 所示。

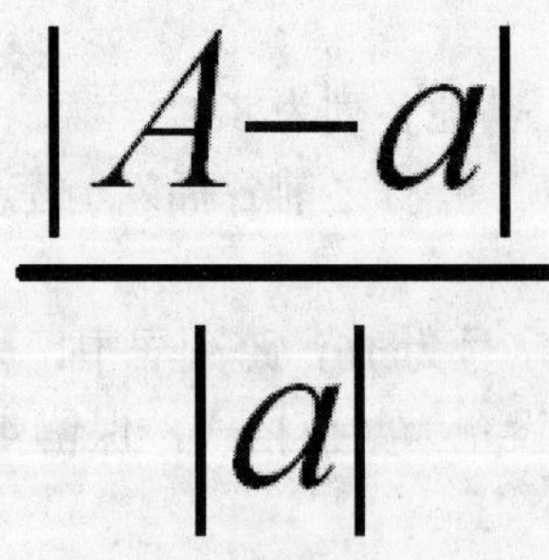

图 3-20

【样文 3-7C】 如图 3-21 所示。

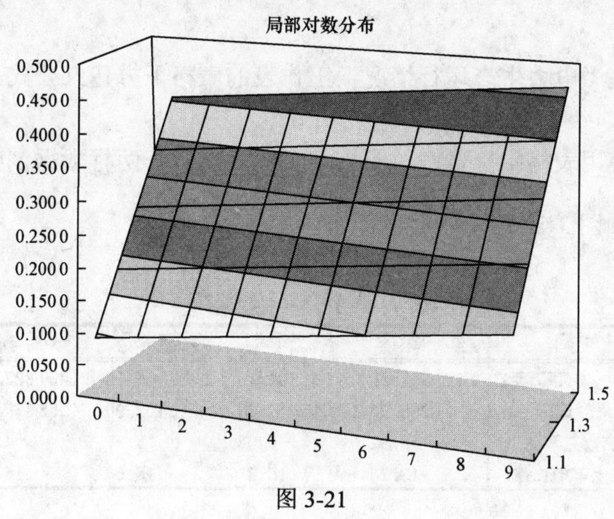

图 3-21

3.8 第 8 题

【操作要求】

打开“光盘\题库\第 3 章\8.xls”文件，并按下列要求进行操作。

一、按样文 3-8A 设置工作表及表格

1. 设置工作表行、列

（1）将标题和表格向左移一列，下移一行，调整列宽。

（2）将“第四季度”一列移至最后一列。

2. 设置单元格格式

（1）标题格式：字体为宋体，字号为 16，粗体，跨列居中。

（2）表头行格式：字体为黑体，字号为 12，居中；字体颜色为红色。

（3）设置“资产收益率”底纹为浅黄。

（4）表格第一列：居中。

（5）表格中的数据单元格区域设置为数值格式，保留 2 位小数，右对齐。

3. 设置表格边框线

按样文为表格设置相应的边框格式。

4. 定义单元格名称

将“时间”单元格的名称定义为“2004 年”。

5. 添加批注

为标题添加批注“来源：中国电力行业分析报告”。

6. 重命名工作表

将 Sheet1 工作表重命名为“电力生产运行情况”。

7. 复制工作表

将“电力生产运行情况”工作表复制到 Sheet2 表中。

8. 设置打印区域

在 Sheet2 中的“第三季度”一列前插入分页线；设置表头行为打印标题。

二、输入公式

按样文 3-8B，在“电力生产运行情况”工作表的表格下方建立公式。

三、建立图表

按样文 3-8C，使用表格中“资产总额”和“利润总额”两行数据创建一个簇状柱形图。

【样文 3-8A】 如图 3-22 所示。

电力生产运行情况

时间	第一季度	第二季度	第三季度	第四季度
资产总额(百万元)	1223947.80	1251754.10	1390736.10	1437822.00
利润总额(百万元)	11295.90	25412.30	45132.90	58536.20
资产收益率(%)	0.92	2.03	3.25	4.07
同比上年增长(%)	13.70	16.81	15.56	16.42

图 3-22

【样文 3-8B】 如图 3-23 所示。

$$\int \frac{\mathrm{d}x}{\sin x}$$

图 3-23

【样文 3-8C】 如图 3-24 所示。

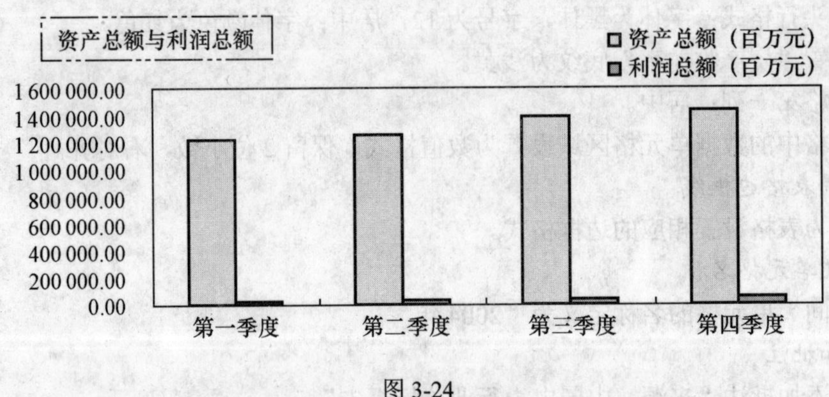

图 3-24

3.9 第 9 题

【操作要求】

打开“光盘\题库\第 3 章\9.xls”文件，并按下列要求进行操作。

一、按样文 3-9A 设置工作表及表格

1. 设置工作表行、列

（1）删除表格中的空行。

（2）将“A 方案”一栏 3 行与“B 方案”一栏 3 行对调位置。

2. 设置单元格格式

（1）标题格式：字体为隶书，字号为 18，粗体，跨列居中；底纹为浅黄。

（2）表头和表格左端 2 列格式：按样文设置居中或跨列居中；表头 2 行底纹为浅绿。

（3）“A 方案”3 行设置为底纹：红色，字体颜色为白色；“乙方案”3 行设置为底纹：青绿，字体颜色为深蓝。

（4）数据格式：“概率”2 列数据设置为百分比格式，右对齐；“利润”2 列数据设置为会计专用格式，应用货币符号，右对齐。

3. 设置表格边框线

按样文为表格设置相应的边框格式。

4. 定义单元格名称

将“A 方案”单元格名称定义为“首选方案”。

5. 添加批注

为“第一年”一栏中“利润”列中的“￥6000”单元格添加批注“需进一步测算”。

6. 重命名工作表

将 Sheet1 工作表重命名为“预测分析”。

7. 复制工作表

将“预测分析”工作表复制到 Sheet2 表中。

8. 设置打印标题

在 Sheet2 表“B 方案”的“较好”一行前设置分页线，设置标题及表头行为打印标题。

二、输入公式

按样文 3-9B，在“预测分析”工作表的表格下方建立公式。

三、建立图表

按样文 3-9C，使用表格第 1、2 列文字和“利润”2 列中的数据创建一个簇状柱形图。

【样文 3-9A】 如图 3-25 所示。

营销决策分析					
方案	市场形势	第一年		第二年	
		概率	利润	概率	利润
A方案	较好	30%	￥7 000	20%	￥9 000
	一般	50%	￥6 000	60%	￥7 000
	较差	20%	￥5 000	20%	￥4 000
B方案	较好	10%	￥6 000	20%	￥8 000
	一般	60%	￥4 000	70%	￥6 000
	较差	30%	￥2 000	10%	￥3 000

图 3-25

【**样文 3-9B**】 如图 3-26 所示。

$$\bar{A}Y\tilde{B}$$

图 3-26

【**样文 3-9C**】 如图 3-27 所示。

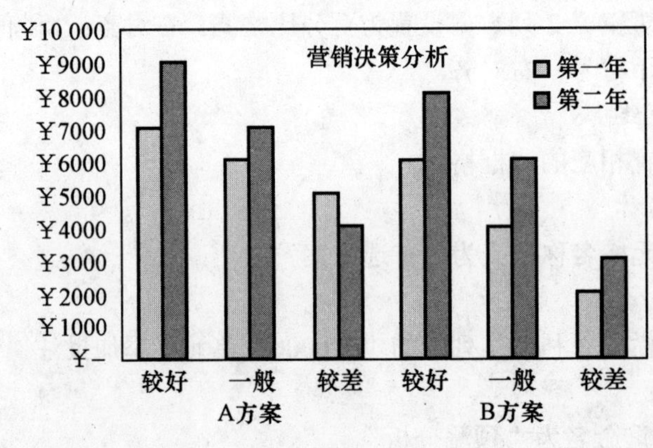

图 3-27

3.10 第 10 题

【**操作要求**】

打开“光盘\题库\第 3 章\10.xls”文件，并按下列要求进行操作。

一、按样文 3-10A 设置工作表及表格

1. 设置工作表行、列

（1）适当调整表格的宽度，删除表格中的空行。

（2）将“总计”一行移至表格最后一行，将“2001”与“2002”两列对调。

2. 设置单元格格式

（1）标题格式：字体为隶书，字号为 20，粗体，跨列居中。

（2）表头行格式：字体为黑体，居中。

（3）表格中的数据单元格区域（最后一行除外）设置为百分比格式，保留 2 位小数，右对齐。

（4）表格最后一行格式：底纹为浅黄，字体颜色为红色。

3. 设置表格边框线

按样文为表格设置相应的边框格式。

4. 定义单元格名称

将“火电”单元格的名称定义为“主要装机容量”。

5. 添加批注

为总计单元格添加批注“单位：万 kW”。

6. 重命名工作表

将 Sheet1 工作表重命名为“装机容量分析”。

7. 复制工作表

将“装机容量分析”工作表复制到 Sheet2 表中。

8. 设置打印区域

在“2002”一列前插入分页线，设置表格第一列为打印标题。

二、输入公式

按样文 3-10B，在“装机容量分析”工作表的表格下方建立公式。

三、建立图表

按样文 3-10C，使用表格中的数据（最后一行除外）创建一个三维柱形图。

【样文 3-10A】 如图 3-28 所示。

【样文 3-10B】 如图 3-29 所示。

发电装机容量分析

	2001	2002
水电	24.60%	24.20%
火电	74.80%	74.50%
核电	0.60%	1.30%
总计	33 811.84	35 608.93

图 3-28

$$\int_a^b f(x)\mathrm{dx}$$

图 3-29

【样文 3-10C】 如图 3-30 所示。

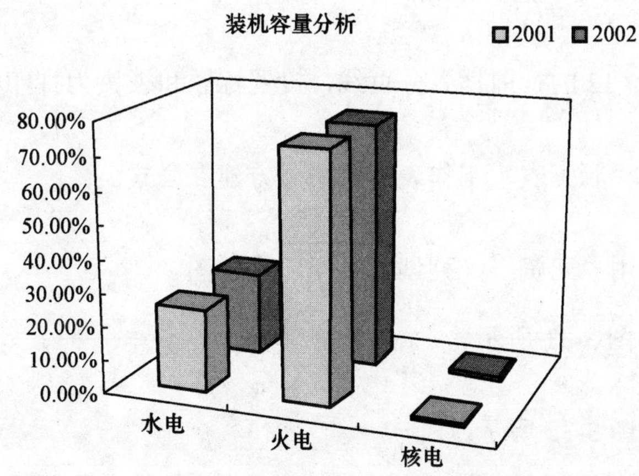

图 3-30

3.11 第 11 题

【操作要求】

打开“光盘\题库\第 3 章\11.xls”文件，并按下列要求进行操作。

一、按样文 3-11A 设置工作表及表格

1. 设置工作表行、列

（1）将“部门”一列移到“职工编号”一列之前。

（2）在“部门”一列之前插入一列，输入“序号”及如样文所示的数字。

（3）清除表格中序号为 9 的一行的内容。

2. 设置单元格格式

（1）标题格式：字体为隶书，字号为 20，跨列居中。

（2）表头格式：字体为楷体，粗体；底纹为黄色；字体颜色为红色。

（3）表格对齐方式：“工资”一列的数据右对齐；表头和其余各列居中。

（4）“工资”一列的数据单元格区域应用货币格式。

（5）“部门”一列中所有“文档部”单元格底纹：灰－25%。

3. 设置表格边框线

按样文为表格设置相应的边框格式。

4. 定义单元格名称

将“年龄”单元格的名称定义为“年龄”。

5. 添加批注

为“职工编号”一列中“K12”单元格添加批注“优秀职工”。

6. 重命名工作表

将 Sheet1 工作表重命名为“职工表”。

7. 复制工作表

将“职工表”工作表复制到 Sheet2 表中。

8. 设置打印区域

在 Sheet2 中序号为 12 的行前插入分页线，设置标题和表头为打印标题。

二、输入公式

按样文 3-11B，在“职工表”工作表的表格下方建立公式。

三、建立图表

按样文 3-11C，使用“工资”一列创建一个三维饼图。

【样文 3-11A】 如图 3-31 所示。

【样文 3-11B】 如图 3-32 所示。

【样文 3-11C】 如图 3-33 所示。

职工登记表

序号	部门	职工编号	性别	年龄	籍贯	工龄	工资
1	开发部	K12	女	35	甘肃	10	￥4,500.00
2	测试部	C24	男	37	江西	9	￥4,100.00
3	文档部	W24	女	29	河北	7	￥3,700.00
4	市场部	S21	男	31	广东	9	￥4,300.00
5	市场部	S20	女	30	江西	7	￥4,400.00
6	开发部	K01	女	31	湖南	7	￥3,900.00
7	文档部	W08	男	29	广东	6	￥3,700.00
8	测试部	C04	男	27	上海	10	￥4,300.00
9	市场部	S14	女	29	广东	9	￥4,300.00
10	市场部	S22	女	30	北京	7	￥3,700.00
11	测试部	C16	男	33	湖北	9	￥4,600.00
12	文档部	W04	男	37	山西	8	￥4,000.00
13	开发部	K02	男	41	甘肃	11	￥5,000.00
14	测试部	C29	女	30	江西	10	￥4,500.00
15	开发部	K11	女	30	吉林	8	￥4,200.00
16	市场部	S17	男	31	四川	10	￥4,100.00
17	文档部	W18	男	29	江苏	7	￥3,900.00

图 3-31

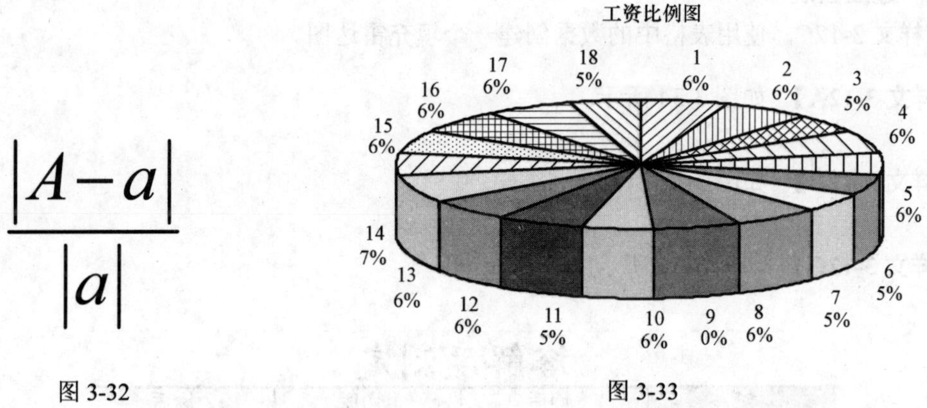

图 3-32　　图 3-33

3.12 第 12 题

【操作要求】

打开“光盘\题库\第 3 章\12.xls”文件，并按下列要求进行操作。

一、按样文 3-12A 设置工作表及表格

1. 设置工作表行、列

将标题及表格向右移一列、向下移一行。

2. 设置单元格格式

（1）标题格式：字体为楷体，字号为 20，粗体，跨列居中。

（2）表格中的数据单元格区域设置为数值格式，保留 3 位小数，右对齐；表头和第 1 列的文字、数字居中。

（3）表格底纹设置：第 1 列为天蓝，第 2 列为浅黄，第 3 列为黄色，第 4 列为浅绿。

3. 设置表格边框线

按样文为表格设置相应的边框格式。

4. 定义单元格名称

将“C 物质”的名称定义为“对照物”。

5. 添加批注

为“A 物质”单元格添加批注“测定物”。

6. 重命名工作表

将 Sheet1 工作表重命名为“溶解度”。

7. 复制工作表

将“溶解度”工作表复制到 Sheet2 表中。

8. 设置打印标题

在 Sheet2 表“时间”为 18 的行后插入分页线，设置标题和表头行为打印标题。

二、输入公式

按样文 3-12B，在“溶解度”工作表的表格下方建立公式。

三、建立图表

按样文 3-12C，使用表格中的数据创建一个填充雷达图。

【样文 3-12A】 如图 3-34 所示。

【样文 3-12B】 如图 3-35 所示。

【样文 3-12C】 如图 3-36 所示。

溶解度测定

秒	A物质	B物质	C物质
3	0.356	0.011	0.460
6	0.522	0.210	0.596
9	0.691	0.280	0.841
12	0.975	0.294	0.992
15	1.210	0.631	1.390
18	1.440	0.854	0.912
21	1.530	1.170	0.655
24	1.330	1.360	0.522
27	1.060	1.290	0.497
30	1.040	1.110	0.360
33	0.990	1.070	0.220

图 3-34

$$\int 0\mathrm{d}x = c$$

图 3-35

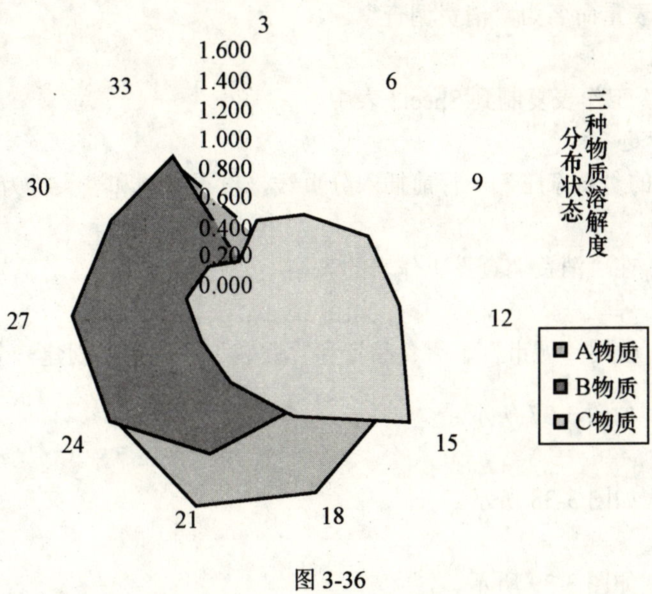

图 3-36

3.13 第 13 题

【操作要求】

打开“光盘\题库\第 3 章\13.xls”文件，并按下列要求进行操作。

一、按样文 3-13A 设置工作表及表格

1. 设置工作表行、列

（1）在标题下插入一行；将标题中的“（以京沪两地综合评价指数为 100）”移至新插入的行；设置格式：字体为楷体，字号为 12，跨列居中。

（2）将“食品”和“服装”两列移到“耐用消费品”一列之后。

（3）删除表格内的空行。

2. 设置单元格格式

（1）标题格式：字体为隶书，字号为 18，粗体，跨列居中；底纹为浅黄色；字体颜色为红色。

（2）表格中的数据单元格区域设置为数值格式，保留 2 位小数，右对齐；其他各单元格内容居中。

3. 设置表格边框线

按样文为表格设置相应的边框格式。

4. 定义单元格名称

将标题名称定义为“统计资料”。

5. 添加批注

为“唐山”单元格添加批注“非省会城市”。

6. 重命名工作表

将 Sheet1 工作表重命名为“消费调查”。

7. 复制工作表

将“消费调查”工作表复制到 Sheet2 表中。

8. 设置打印标题

在 Sheet2 表格的“石家庄”一行前插入分页线，设置标题和表头行为打印标题。

二、输入公式

按样文 3-13B，在“消费调查”工作表的表格下方建立公式。

三、建立图表

按样文 3-13C，使用“城市”、“食品”和“服装”三列数据创建一个三维柱形图。

【样文 3-13A】 如图 3-37 所示。

【样文 3-13B】 如图 3-38 所示。

【样文 3-13C】 如图 3-39 所示。

部分城市消费水平抽样调查

（以京沪两地综合评价指数为100）

地区	城市	日常生活用品	耐用消费品	食品	服装	应急支出
东北	沈阳	89.50	91.80	88.00	96.20	\
东北	哈尔滨	90.60	94.20	88.70	96.80	97.50
东北	长春	89.90	91.80	83.70	95.20	\
华北	天津	87.80	88.60	82.80	91.80	95.50
华北	唐山	87.70	85.80	81.20	90.80	78.50
华北	郑州	89.40	88.57	82.90	91.50	69.50
华北	石家庄	87.60	88.20	81.40	91.20	\
华东	济南	92.10	88.60	83.50	91.80	82.00
华东	南京	94.00	92.05	85.85	95.50	83.50
西北	西安	87.30	88.40	84.00	88.26	78.50
西北	兰州	86.10	83.50	81.50	86.20	\

图 3-37

$$a^{-p}=\frac{1}{a^{p}}$$

图 3-38

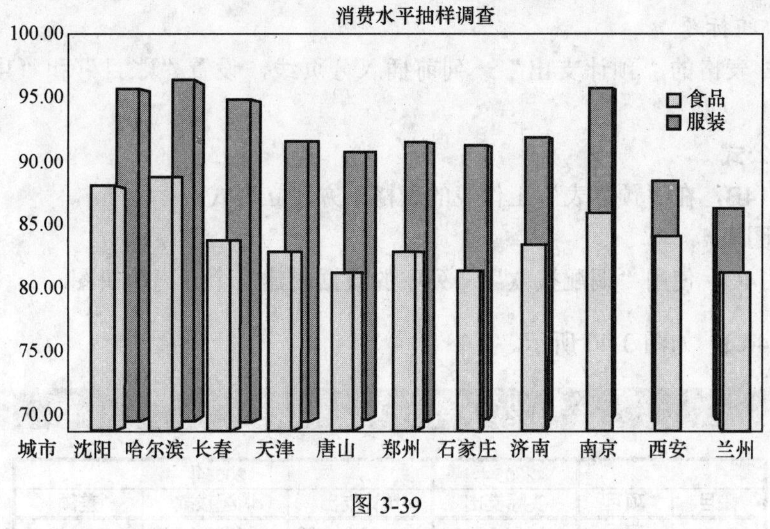

图 3-39

3.14 第 14 题

【操作要求】

打开“光盘\题库\第 3 章\14.xls”文件，并按下列要求进行操作。

一、按样文 3-14A 设置工作表及表格

1. 设置工作表行、列

（1）在标题下插入一行，行高为 17.75。

（2）将“设备”一行移到“通信费”一行之前。

2. 设置单元格格式

（1）标题文字格式：字体为黑体，字号为 18，粗体，跨列居中；底纹为深蓝色；字体颜色为白色。

（2）表格中的数据单元格区域设置为会计专用格式，应用货币符号；其他各单元格内容居中。

（3）设置“－400”单元格：底纹为红色；字体颜色为白色。

（4）消除“差额”一列中最下方单元格的数据。

3. 设置表格边框线

按样文为表格设置相应的边框格式。

4. 定义单元格名称

将“实际支出”一列中最下方单元格的名称定义为“实际支出合计”。

5. 添加批注

为“－400”单元格添加批注“超支”。

6. 重命名工作表

将 Sheet1 工作表重命名为“预算表”。

7. 复制工作表

将“预算表”工作表复制到 Sheet2 表中。

8. 设置打印标题

在 Sheet2 表格的“预计支出”一列前插入分页线，设置“账目”和“项目”列为打印标题。

二、输入公式

按样文 3-14B，在“预算表”工作表的表格下方建立公式。

三、建立图表

按样文 3-14C，使用“调配拨款”一列中的数据创建一个分离型饼图。

【样文 3-14A】 如图 3-40 所示。

2006年预算工作表					
		2005年	2006年		
账目	项目	实际支出	预计支出	调配拨款	差额
110	薪工	￥ 164 146.00	￥ 199 000.00	￥ 180 000.00	￥ 19 000.00
120	保险	￥ 58 035.00	￥ 73 000.00	￥ 66 000.00	￥ 7 000.00
311	设备	￥ 4 048.00	￥ 4 500.00	￥ 4 250.00	￥ 250.00
140	通信费	￥ 17 138.00	￥ 20 500.00	￥ 18 500.00	￥ 2 000.00
201	差旅费	￥ 3 319.00	￥ 3 900.00	￥ 4 300.00	￥ −400.00
324	广告	￥ 902.00	￥ 1 075.00	￥ 1 000.00	￥ 75.00
总和		￥ 247 588.00	￥ 301 975.00	￥ 274 050.00	

图 3-40

【样文 3-14B】 如图 3-41 所示。

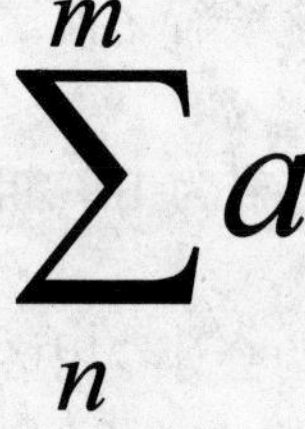

图 3-41

【样文 3-14C】 如图 3-42 所示。

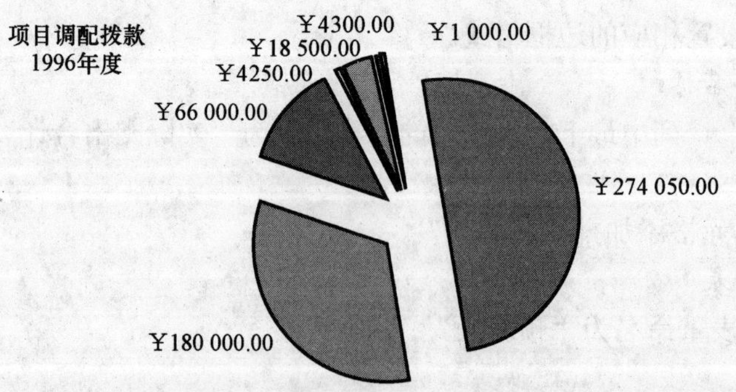

图 3-42

3.15 第 15 题

【操作要求】

打开“光盘\题库\第 3 章\15.xls”文件，并按下列要求进行操作。

一、按样文 3-15A 设置工作表及表格

1. 设置工作表行、列

（1）在标题下插入一行，行高为 12。

（2）将“合计”一行移到“便携机”一行之前，设置“合计”一行字体颜色为深红。

2. 设置单元格格式

（1）标题及表格底纹：浅黄色。

（2）标题文字格式：字体为隶书，字号为 20，粗体，跨列居中；字体颜色为深蓝。

（3）表格中的数据单元格区域设置为会计专用格式，应用货币符号；其他各单元格内容居中。

3. 设置表格边框线

按样文为表格设置相应的边框格式。

4. 定义单元格名称

将“便携机”一行“总计”单元格的名称定义为“销售量最多”。

5. 添加批注

为“类别”单元格添加批注“各部门综合统计”。

6. 重命名工作表

将 Sheet1 工作表重命名为“销售额”。

7. 复制工作表

将“销售额”工作表复制到 Sheet2 表中。

8. 设置打印标题

在 Sheet2 表格的各季度及总计列之间插入分页线，设置“类别”列为打印标题。

二、输入公式

按样文 3-15B，在“销售额”工作表的表格下方建立公式。

三、建立图表

按样文 3-15C，使用一～四季度各种商品销售额的数据创建一个簇状柱型图。

【样文 3-15A】 如图 3-43 所示。

硬件部 2005 年销售额

类别	第一季	第二季	第三季	第四季	总计
合计	￥ 810 000.00	￥ 453 100.00	￥ 638 400.00	￥ 748 500.00	￥ 2 650 000.00
便携机	￥ 515 500.00	￥ 82 500.00	￥ 340 000.00	￥ 479 500.00	￥ 1 417 500.00
工控机	￥ 68 000.00	￥ 100 000.00	￥ 68 000.00	￥ 140 000.00	￥ 376 000.00
网络服务器	￥ 75 000.00	￥ 144 000.00	￥ 85 500.00	￥ 37 500.00	￥ 342 000.00
微机	￥ 151 500.00	￥ 126 600.00	￥ 144 900.00	￥ 91 500.00	￥ 514 500.00

图 3-43

【样文 3-15B】 如图 3-44 所示。

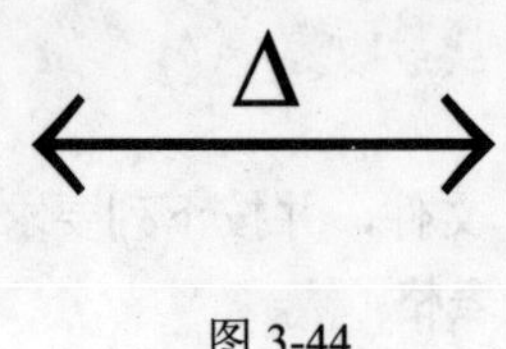

图 3-44

【样文 3-15C】 如图 3-45 所示。

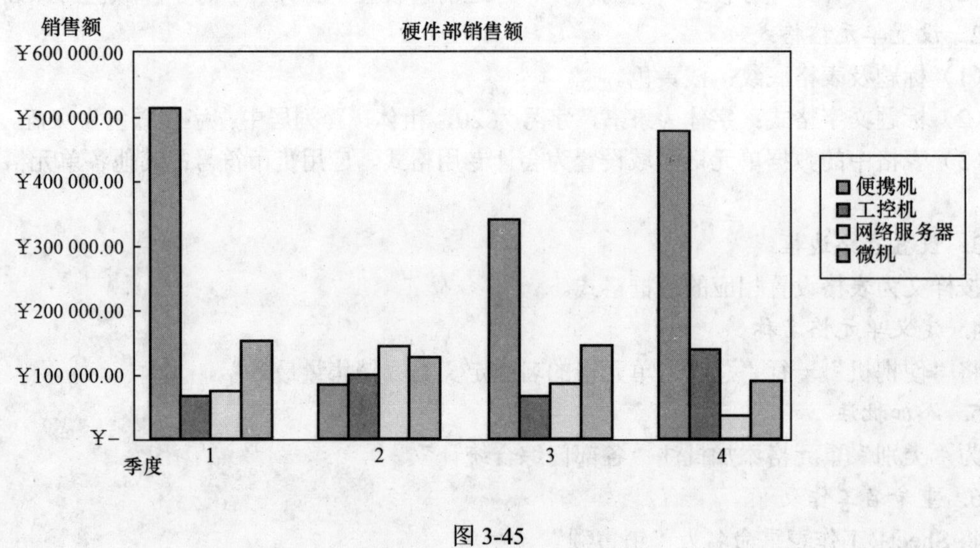

图 3-45

3.16 第 16 题

【操作要求】

打开"光盘\题库\第 3 章\16.xls"文件，并按下列要求进行操作。

一、按样文 3-16A 设置工作表及表格

1. 设置工作表行、列

（1）将标题及表格向右移一列、向下移一行。

（2）在标题下插入一个空行，行高为 10。

（3）把"总计"列移至"安徽"列右侧。

2. 设置单元格格式

（1）标题格式：字体为楷体，字号为 12，跨列居中。

（2）表格中的数据单元格区域设置为数值格式，保留 2 位小数，右对齐；表头和第 1 列的文字、数字居中。

（3）表格底纹设置：表头行为浅绿，其余行为浅黄。

3. 设置表格边框线

按样文为表格设置相应的边框格式。

4. 定义单元格名称

将“GDP（万元）”的名称定义为“国民生产总值”。

5. 添加批注

为“总计”单元格添加批注“不完全统计”。

6. 重命名工作表

将 Sheet1 工作表重命名为“GDP 与用电量”。

7. 复制工作表

将“GDP 与用电量”工作表复制到 Sheet2 表中。

8. 设置打印标题

在 Sheet2 表“总计”列前插入分页线，设置标题和表头行为打印标题。

二、输入公式

按样文 3-16B，在“GDP 与用电量”工作表的表格下方建立公式。

三、建立图表

按样文 3-16C，使用表格中“人均用电量（千瓦时）”数据创建一个数据点折线图。

【样文 3-16A】 如图 3-46 所示。

华东三省一市2001年GDP与用电量

	上海	江苏	浙江	安徽	总计
GDP(万元)	4951.00	9515.00	6700.00	3290.00	24 456.00
人均(万元)	3.73	1.29	1.45	0.52	1.25
用电量(亿·kW·h)	593.00	1078.00	848.00	360.00	2879.00
人均用电量(kW·h)	4468.30	1465.70	1838.10	568.90	1467.10

图 3-46

【样文 3-16B】 如图 3-47 所示。

$$A=\begin{pmatrix} 0 & -1 & 4 \\ -1 & 3 & a \\ 4 & a & 0 \end{pmatrix}$$

图 3-47

【样文 3-16C】 如图 3-48 所示。

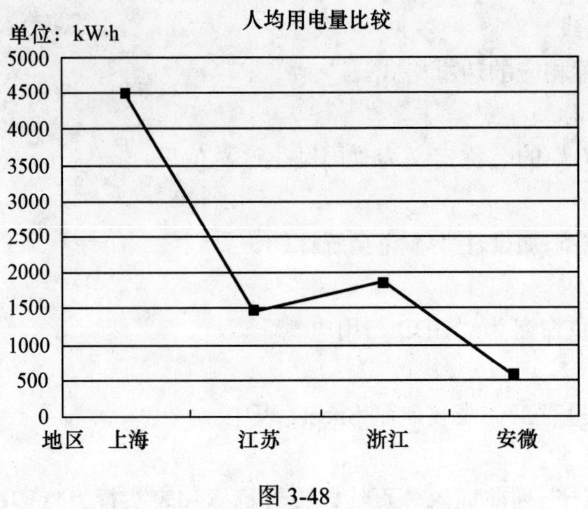

图 3-48

3.17　第　17　题

【操作要求】

打开“光盘\题库\第 3 章\17.xls”文件，并按下列要求进行操作。

一、按样文 3-17A 设置工作表及表格

1. 设置工作表行、列

（1）将表格向左移一列，向下移一行。

（2）将“2006”一行移到“2007”一行之前。

2. 设置单元格格式

（1）在 B2 单元格输入标题：“兵团装机及发电量发展一览”；标题格式：字体为隶书，字号为 20，字体颜色为蓝色；跨列居中。

（2）表头行格式：字体为黑体，字号为 12；字体颜色为蓝色；文字在各单元格居中；底纹为浅黄色。

（3）表格中的数据单元格区域设置为数值格式，保留一位小数；其他各单元格内容居中；底纹为天蓝色。

3. 设置表格边框线

按样文为表格设置相应的边框格式。

4. 定义单元格名称

将“2005”一行“40.8”单元格的名称定义为“增长最快”。

5. 添加批注

为“年份”单元格添加批注“近六年来的增长率”。

6. 重命名工作表

将 Sheet1 工作表重命名为“兵团装机及发电量发展一览”。

7. 复制工作表

将“兵团装机及发电量发展一览”工作表复制到 Sheet2 表中。

8. 设置打印标题

在 Sheet2 表格的 2007、2008 行之间插入分页线，设置“年份”列为打印标题。

二、输入公式

按样文 3-17B，在“兵团装机及发电量发展一览”工作表的表格下方建立公式。

三、建立图表

按样文 3-17C，使用 2003～2008 年增长率的数据创建一个簇状条型图。

【样文 3-17A】 如图 3-49 所示。

【样文 3-17B】 如图 3-50 所示。

【样文 3-17C】 如图 3-51 所示。

兵团装机及发电量发展一览

年份	装机(万 kW)	发电量(亿 kW·h)	增长率(%)
2003	50.6	21.2	10.3
2004	63.8	25.6	20.9
2005	70.3	36.1	40.8
2006	85.5	47.9	32.7
2007	122.9	54.8	14.4
2008	186.0	75.6	38.1

图 3-49

$$\lim_{x\to\infty}(1+3x)^{\frac{1}{3x}}=\mathrm{e}$$

图 3-50

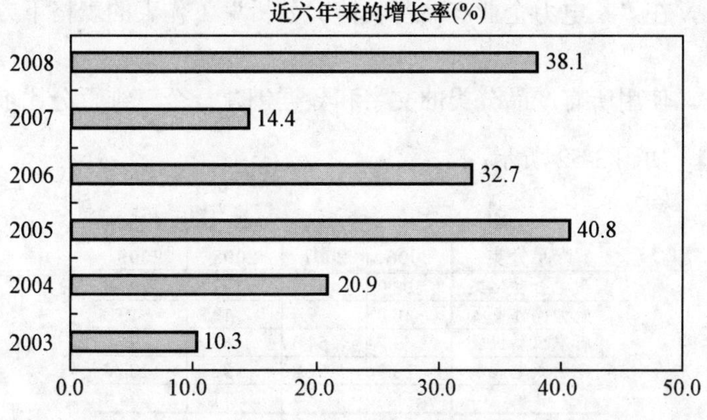

图 3-51

3.18 第 18 题

【操作要求】

打开“光盘\题库\第 3 章\18.xls”文件，并按下列要求进行操作。

一、按样文 3-18A 设置工作表及表格

1. 设置工作表行、列

（1）将表格向右移动 1 列，向下移动 2 行。

（2）将“总营收（百万元）”一行移至最后一行。

2. 设置单元格格式

（1）在 B2 单元格输入标题：“某电力企业产品营收情况分析”。

（2）标题格式：字体为隶书，字号为 16，跨列居中；底纹为绿色。

（3）表头行格式：字体为宋体，粗体，字号为 12，文字在各单元格中居中。

（4）表格中“产品分类”一列格式：字体为楷体，文字在单元格中居中。

（5）表格中数据单元格区域设置为“数值”，保留 1 位小数。

3. 设置表格边框线

按样文为表格设置相应的边框格式。

4. 定义单元格名称

将“产品分类”单元格名称定义为“主营产品”。

5. 添加批注

为“616.1”单元格添加批注“预计”。

6. 重命名工作表

将 Sheet1 工作表重命名为“某电力企业产品营收情况分析”。

7. 复制工作表

将“某电力企业产品营收情况分析”工作表复制到 Sheet2 表中。

8. 设置打印标题

在 Sheet2 表“2009”一列之前插入分页线，设“产品分类”为打印标题。

二、输入公式

按样文 3-18B，在“某电力企业产品营收情况分析”工作表的表格下方建立公式。

三、建立图表

按样文 3-18C，使用所有产品分类的文字和数据创建一个三维百分比堆积柱形图。

【样文 3-18A】 如图 3-52 所示。

某电力企业产品营收情况分析				
产品分类	2006	2007	2008	2009
用电自动化类	108.0	192.0	197.5	298.9
电力操作电源	10.8	9.6	19.8	18.3
标准仪器仪表	49.7	64.0	63.2	91.5
电子式电能表	38.9	51.2	98.8	183.0
其他	6.5	6.4	11.9	24.4
总营收(百万元)	213.8	323.2	391.1	616.1

图 3-52

【样文 3-18B】 如图 3-53 所示。

$$\oint_L \cos < \vec{n}, \vec{l} > \mathrm{d}s = 0$$

图 3-53

【样文 3-18C】 如图 3-54 所示。

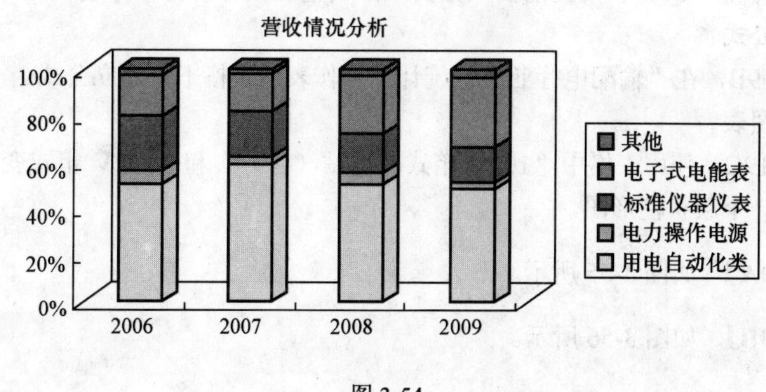

图 3-54

3.19 第 19 题

【操作要求】

打开“光盘\题库\第 3 章\19.xls”文件，并按下列要求进行操作。

一、按样文 3-19A 设置工作表及表格

1. 设置工作表行、列

（1）将标题和表格向左移一列，下移一行，调整列宽。

（2）将“2008”一列移至最后一列。

2. 设置单元格格式

（1）标题格式：字体为黑体，字号为 16，粗体，跨列居中。

（2）表头行格式：字体为宋体，字号为 12，居中；字体颜色为红色。

（3）利用公式计算“合计”行，并设置“合计”行底纹为浅黄。

（4）表格第一列：居中。

（5）表格中的数据单元格区域设置为数值格式，小数位数为 0；使用千位分隔符，右对齐。

3. 设置表格边框线

按样文为表格设置相应的边框格式。

4. 定义单元格名称

将“年份”单元格的名称定义为“近三年”。

5. 添加批注

为标题添加批注“来源：《高压开关行业年鉴》”。

6. 重命名工作表

将 Sheet1 工作表重命名为“输配电行业产量统计”。

7. 复制工作表

将“输配电行业产量统计”工作表复制到 Sheet2 表中。

8. 设置打印区域

在 Sheet2 中的“2008”一列前插入分页线，设置表头行为打印标题。

二、输入公式

按样文 3-19B，在“输配电行业产量统计”工作表的表格下方建立公式。

三、建立图表

按样文 3-19C，使用表格中“10kV 箱式变电站（台）”和“35kV 箱式变电站（台）”两行数据创建一个簇状柱形图。

【样文 3-19A】 如图 3-55 所示。

【样文 3-19B】 如图 3-56 所示。

输配电行业产量统计			
年份	2006	2007	2008
10kV箱式变电站(台)	22 507	31 378	24 839
35kV箱式变电站(台)	748	2 167	3 936
合计	25 261	35 552	30 783

图 3-55

公式：

$$\overline{\bigcup_{i=1}^{x} A_i} = \bigcap_{i=1}^{x} \overline{A_i}$$

图 3-56

【样文 3-19C】 如图 3-57 所示。

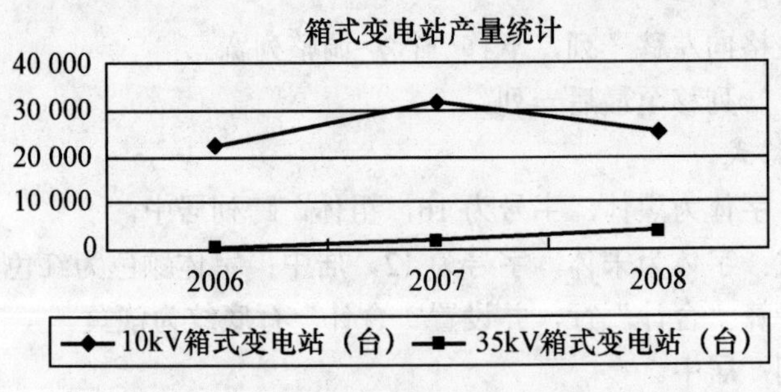

图 3-57

3.20 第 20 题

【操作要求】

打开“光盘\题库\第 3 章\20.xls”文件，并按下列要求进行操作。

一、按样文 3-20A 设置工作表及表格

1. 设置工作表行、列

（1）删除“产品”一列；将“所占比例”一列移到“出口市场”一列之前。

（2）在标题行之前插入一个空行。

2. 设置单元格格式

（1）标题格式：字体为宋体，字号为 16，跨列居中；底纹为浅蓝；字体颜色为白色。

（2）表头行：底纹为浅黄，行高为 20，居中。

（3）表格中数据右对齐，其他各单元格内容居中；表格底纹为灰色－6.25%。

（4）计算“所占比例”，使用百分比格式，保留 1 位小数。

3. 设置表格边框线

按样文为表格设置相应的边框格式。

4. 定义单元格名称

将“公司”单元格名称定义为“电力设备制造行业”。

5. 添加批注

为“名次”单元格添加批注“依据电器工业协会资料统计”。

6. 重命名工作表

将 Sheet1 工作表重命名为“公司排名”。

7. 复制工作表

将“公司排名”工作表复制到 Sheet2 表中。

8. 设置打印标题

在 Sheet2 表“出口市场”列前插入分页符，设表格标题和表头两行为打印标题。

二、输入公式

按样文 3-20B，在“公司排名”工作表的表格下方建立公式。

三、建立图表

按样文 3-20C，使用“公司”和“所占比例”两列数据创建一个分离型三维饼图。

【样文 3-20A】 如图 3-58 所示。

输配电企业海外订单(2006)				
名次	公司	金额(亿元)	所占比例	出口市场
1	特变电工	25.8	66.2%	塔吉克斯坦
2	顺特电气	5.0	12.8%	阿联酋
3	上海电气	3.9	10.0%	苏丹
4	西电集团	2.0	5.1%	印度、苏丹
5	天威保变	2.3	5.9%	苏丹、加拿大

图 3-58

【样文 3-20B】 如图 3-59 所示。

公式：

$$\int_b^a f(\xi x)\,\mathrm{d}x$$

图 3-59

【样文 3-20C】 如图 3-60 所示。

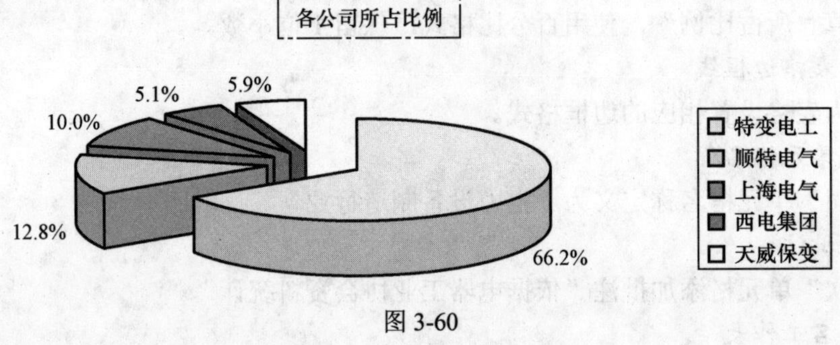

图 3-60

第 4 章 PowerPoint

PowerPoint 和 Word、Excel 等应用软件一样，都是 Microsoft 公司推出的 Office 系列产品之一。主要用于演示文稿的创建，即幻灯片的制作。可有效帮助演讲、教学、产品演示等。

PowerPoint 是用于设计制作专家报告、教师授课、产品演示、广告宣传的电子版幻灯片，制作的演示文稿可以通过计算机屏幕或投影机播放。

PowerPoint 是制作和演示幻灯片的软件，能够制作出集文字、图形、图像、声音以及视频剪辑等多媒体元素于一体的演示文稿，把自己所要表达的信息组织在一组图文并茂的画面中，用于介绍公司的产品、展示自己的学术成果。用户不仅在投影仪或者计算机上进行演示，也可以将演示文稿打印出来，制作成胶片，以便应用到更广泛的领域中。利用 PowerPoint 不仅可以创建演示文稿，还可以在互联网上召开面对面会议，远程会议或在网上给观众展示演示文稿。

PowerPoint 的功能利用 PowerPoint 做出来的文件称为演示文稿，其格式为.ppt。

演示文稿中的每一页称为幻灯片，每张幻灯片都是演示文稿中既相互独立又相互联系的内容。

Microsoft Office PowerPoint 使用户可以快速创建极具感染力的动态演示文稿，同时集成更为安全的工作流和方法，以轻松共享这些信息。

下面是 Office PowerPoint 帮助用户提高工作效率和加强协作的 10 种主要方式。

（1）使用 Microsoft Office Fluent 用户界面更快地获得更好的结果。

（2）创建功能强大的动态 SmartArt 图示。

（3）通过 Office PowerPoint 幻灯片库轻松重用内容。

（4）与使用不同平台和设备的用户进行交流。

（5）使用自定义版式更快地创建演示文稿。

（6）使用 Office PowerPoint 和 Office SharePoint Server 加速审阅过程。

（7）使用文档主题统一设置演示文稿格式。

（8）使用新的 SmartArt 图形工具和效果显著修改形状、文本和图形。

（9）进一步提高 PowerPoint 演示文稿的安全性。

（10）同时减小文档大小和提高文件恢复能力。

4.1 第 1 题

【操作要求】

幻灯片添加：在标题幻灯片下方新建 3 张幻灯片。

版式应用：幻灯片 2：标题、文本与剪贴画板式；幻灯片 3、4：应用标题和文本版式。

格式设置：幻灯片 1：标题宋体、54、加粗、左对齐；幻灯片 2～4：标题宋体、40、加粗、左对齐；正文部分宋体、20。

图片：在幻灯片 2 中插入“光盘\题库\第 4 章\4-1\t1.jpg”文件。

设计模板应用：Glass Layers 设计模板应用于所有幻灯片。

【范例】

范例演示：“光盘\题库\第 4 章\范例演示\4-1.pps”文件。

【样文】

如图 4-1～图 4-4 所示。

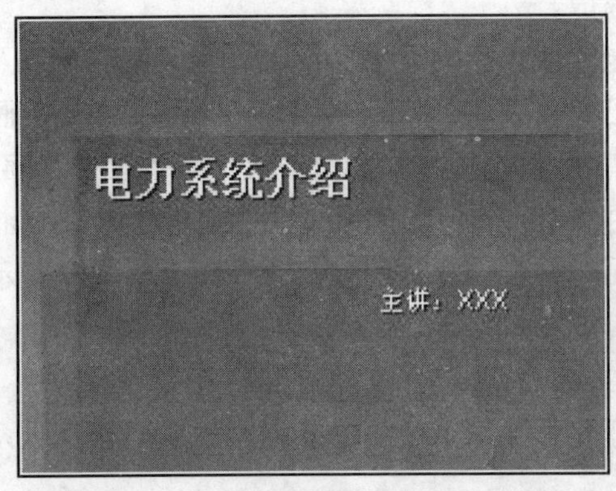

电力系统介绍
主讲：XXX

图 4-1

电力系统介绍

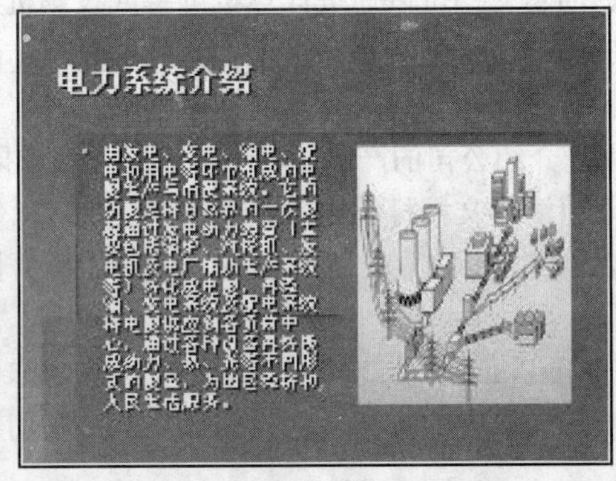

图 4-2

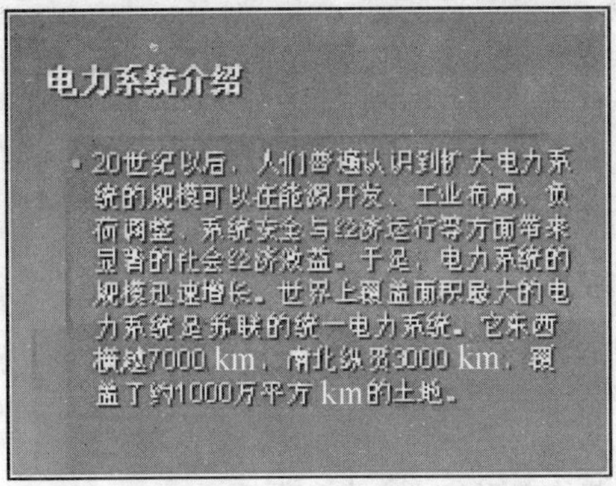

电力系统介绍
20世纪以后，人们普遍认识到扩大电力系统的规模可以在能源开发、工业布局、负荷调整、系统安全与经济运行等方面带来显著的社会经济效益。于是，电力系统的规模迅速增长。世界上覆盖面积最大的电力系统是苏联的统一电力系统。它东西横越7000 km，南北纵贯3000 km，覆盖了约1000万平方 km的土地。

图 4-3

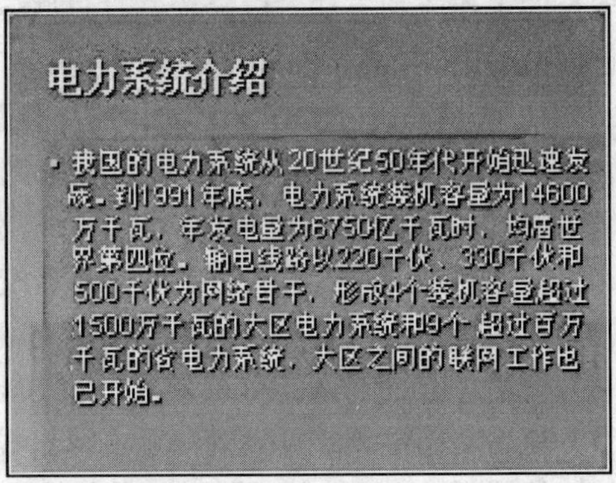

电力系统介绍
我国的电力系统从20世纪50年代开始迅速发展。到1991年底，电力系统装机容量为14600万千瓦，年发电量为6750亿千瓦时，均居世界第四位。输电线路以220千伏、330千伏和500千伏为网络骨干，形成4个装机容量超过1500万千瓦的大区电力系统和9个超过百万千瓦的省电力系统，大区之间的联网工作也已开始。

图 4-4

4.2 第 2 题

【操作要求】

幻灯片添加：在标题幻灯片下方新建 3 张幻灯片。

版式应用：幻灯片 2：标题和文本版式；幻灯片 3：应用标题、文本与剪贴画板式；幻灯片 4：标题和表格。

格式设置：幻灯片 1：标题宋体、60、加粗、左对齐；幻灯片 2～4：标题宋体、40、加粗、左对齐；正文部分宋体、30。

图片：在幻灯片 3 中插入“光盘\题库\第 4 章\4-2\t1.jpg”文件。

设计模板应用：Mountain Top 设计模板应用于所有幻灯片。

幻灯片切换：水平百叶窗、中速、应用于所有幻灯片。

【范例】

范例演示：“光盘\题库\第 4 章\范例演示\4-2.pps”文件。

【样文】

如图 4-5～图 4-8 所示。

图 4-5

什么是核能?

· 核能指原子核能，又称原子能，是原子结构发生变化时放出的能量。目前，从实用角度来说，核能指的是一些重金属元素铀、钚的原子核发生分裂反应(又称裂变)或者轻元素氘、氚的原子核发生聚合反应(又称聚变)时，所放出的巨大能量，前者称为裂变能后者称为聚变能。通常所说的核能是指受控核裂变链式反应产生的能量。

图 4-6

图 4-7

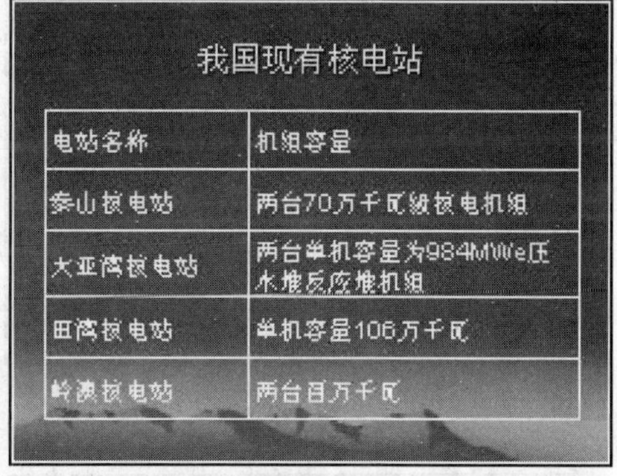

我国现有核电站

电站名称	机组容量
秦山核电站	两台70万千瓦级核电机组
大亚湾核电站	两台单机容量为984MWe压水堆反应堆机组
田湾核电站	单机容量106万千瓦
岭澳核电站	两台百万千瓦

图 4-8

4.3 第　3　题

【操作要求】

幻灯片添加：在标题幻灯片下方新建 6 张幻灯片。

设计模板应用：“谈古论今”设计模板应用于所有幻灯片。

版式应用：幻灯片 2：标题、文本与内容板式；幻灯片 3：标题和文本；幻灯片 4：标题、文本与剪贴画；幻灯片 5：标题和文本在内容之上；幻灯片 6：标题和文本；幻灯片 7：空白。

格式设置：幻灯片 1：标题隶书、字号为 36，艺术字库一行三列，艺术字形态粗上湾弧；幻灯片 2～5：标题宋体、字号为 40，正文宋体、字号为 28；幻灯片 6：标题宋体、字号为 40，正文宋体、字号为 24；幻灯片 7：宋体、字号为 36。

图形绘制与母版应用：绘制自选图形，箭头汇总，左、右箭头；右下角添加“特高压直流输电介绍”。

动作设置：将绘制的左、右箭头自选图形分别设置“链接到上一张幻灯片和连接到下一张幻灯片”，播放声音“风铃”。

切换效果设置：幻灯片 1：中央向左右扩展，慢速；幻灯片 2：扇形展开，慢速；幻灯片 3：上下向中央收缩，慢速；幻灯片 4：从下抽出，慢速；幻灯片 5：顺时针回旋，1 根轮辐，慢速；幻灯片 6：新闻快报，慢速；幻灯片 7：平滑淡出，快速。

自定义动画：幻灯片 6：各条逐一缓慢进入；幻灯片 7：动作路径，向左、之前、中速。

图片：幻灯片 2 中插入“光盘\题库\第 4 章\4-3\t1.jpg”文件；幻灯片 4 中插入“光盘\题库\第 4 章\4-3\t2.jpg”文件；幻灯片 5 中插入“光盘\题库\第 4 章\4-3\t3.jpg”文件。

【范例】

范例演示：“光盘\题库\第 4 章\范例演示\4-3.pps”文件。

【样文】

如图 4-9～图 4-15 所示。

图 4-9

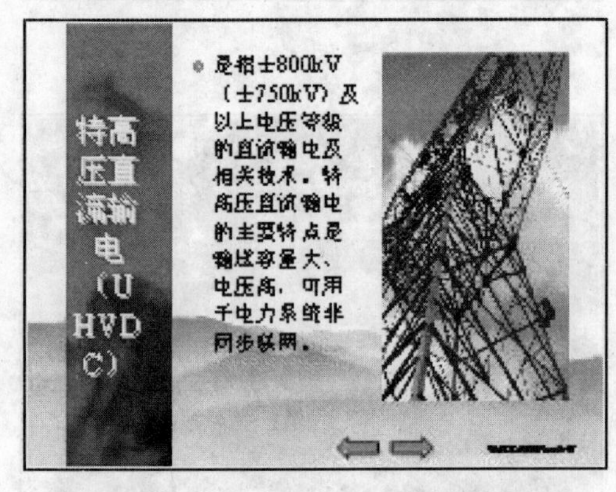

图 4-10

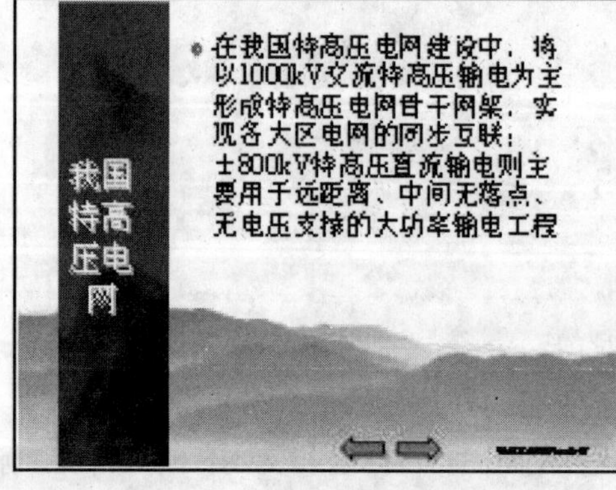

图 4-11

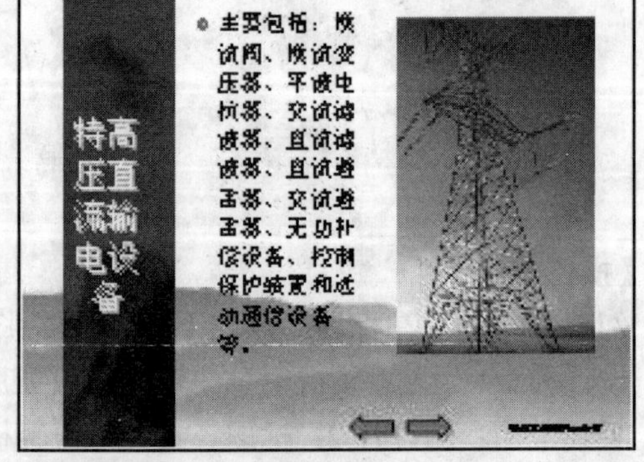

图 4-12

图 4-13

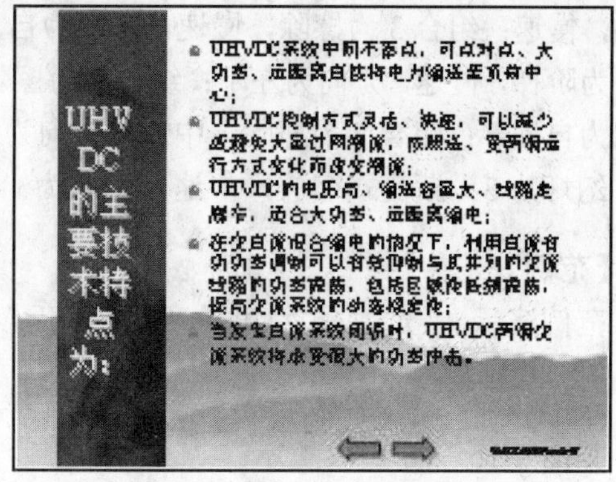

图 4-14

图 4-15

4.4　第　4　题

【操作要求】

幻灯片添加：在标题幻灯片下方新建两张幻灯片。

设计模板应用：“万里长城”设计模板应用于所有幻灯片。

版式应用：幻灯片 2、3：空白。

格式设置：幻灯片 1 为宋体，艺术字库 5 行 4 列，适当调整大小；幻灯片 3 为隶书，加粗，40，艺术字库 4 行 4 列，适当调整大小。

切换效果设置：幻灯片 1：圆形，慢速；幻灯片 2：扇形展开，慢速；幻灯片 3：水平梳理，慢速。

图片：幻灯片 2 中插入相应剪贴画。

自选图形：绘制 3 个燕尾形箭头，适当调整位置；绘制 4 个圆角矩形标注，输入相应文字，适当调整位置；绘制肘型箭头连接符，适当调整位置。

文本框：插入 4 个垂直文本框，输入相应内容。

图形组合：按案例效果组合剪贴画、标注、肘型箭头连接符和文本框。

【自定义动画】

幻灯片 2：组合 1 为弹跳，慢速，箭头 1 为升起，中速；组合 2 为渐变，慢速；箭头 2 为浮动，慢速；组合 3 为擦除，慢速，方向为自顶部，箭头 3 为擦除，慢速，方向为自底部；组合 4 为阶梯，慢速，方向为左下；组合 5 为擦除，中速，方向为自顶部；组合 6 为擦除，中速，方向为自顶部；组合 7 为擦除，中速，方向为自顶部；组合 8 为擦除，中速，方向为自顶部。

幻灯片 3：渐变式缩放，中速，开始为“之前”。

【范例】

范例演示：“光盘\题库\第 4 章\范例演示\4-4.pps”文件。

【样文】

如图 4-16～图 4-18 所示。

图 4-16

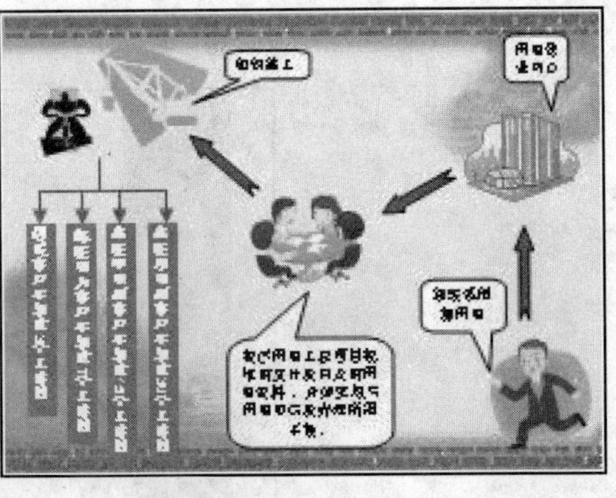

图 4-17

图 4-18

4.5 第 5 题

【操作要求】

幻灯片添加：在标题幻灯片下方新建 4 张幻灯片。

设计模板应用：maple 设计模板应用于所有幻灯片。

版式应用：空白。

组织结构图：在幻灯片 1 中插入“右悬挂式组织结构图”并输入相应文字。

自选图形：在幻灯片 2～4 中绘制动作按钮“后退或前一项”、“第一张”、“前进或下一项”；

在幻灯片 4 中绘制自选图形“圆形”、“正方形”、“三角形”。

链接设置：幻灯片 1 中“触发声音”文字链接幻灯片 2；“触发动画”文字链接幻灯片 3；“触发图形”文字链接幻灯片 4。

动作设置：“后退或前一项”设置为链接到上一张；“第一张”设置为链接到第一张；“前进或下一项”设置为链接到下一张。

插入声音：幻灯片 2 插入“光盘\题库\第 4 章\4-5\答对了.wav、答错了.wav”文件。

自定义动画：

幻灯片 2：设置答案触发相应的声音。

幻灯片 3：设置标题触发对应的文本框，“挥舞效果”文字：“进入”为“挥舞”，“单击时”，“快速”；“强调”为“渐变”，“之后”，“慢速”；“空翻效果”文字：“进入”为“空翻”，“单击时”，“快速”；“强调”为“渐变”，“之后”，“慢速”；“百叶窗效果”文字：“进入”为“百叶窗”，“单击时”，“水平”，“快速”；“强调”为“之后”，“慢速”。

幻灯片 4：设置标题触发对应的图形，各图形：“进入”为“渐变”，“单击时”，“快速”；“强调”为“渐变”，“之后”，“中速”。

【范例】

范例演示：“光盘\题库\第 4 章\4-5.pps”文体。

【样文】

如图 4-19～图 4-23 所示。

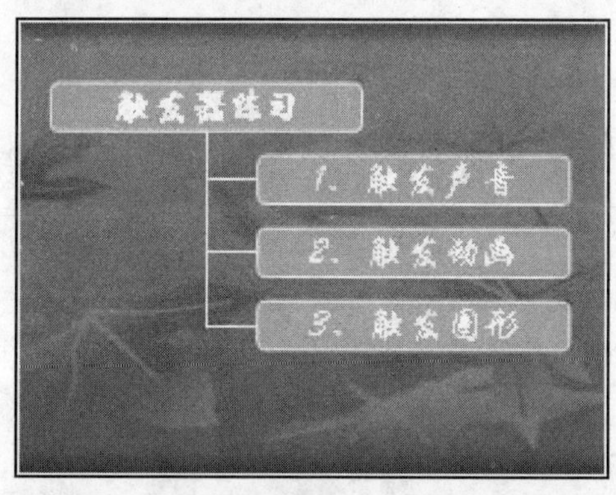

图 4-19

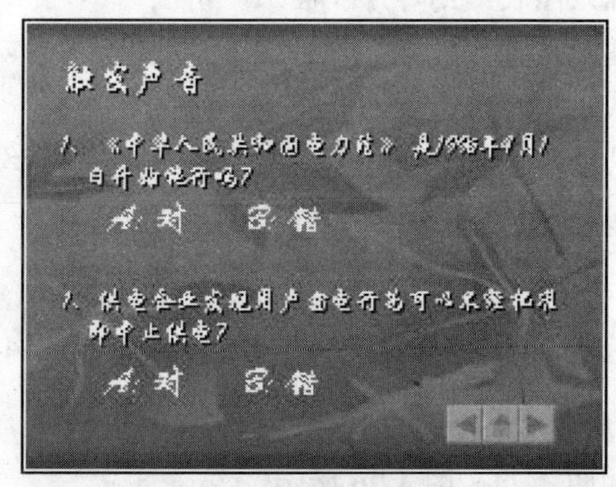

图 4-20

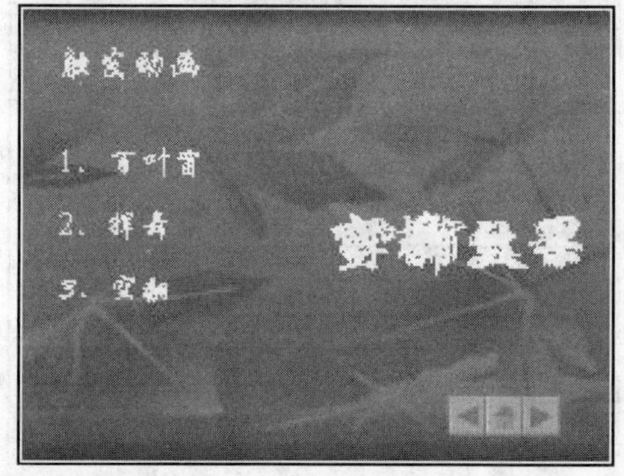

图 4-21

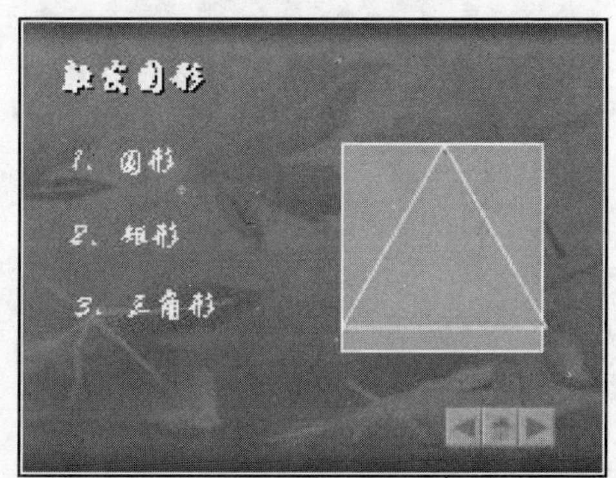

图 4-22

图 4-23

4.6 第 6 题

【操作要求】

幻灯片添加：在标题幻灯片下方新建两张幻灯片。

设计模板应用：“万里长城”设计模板应用于所有幻灯片。

版式应用：幻灯片 2、3 使用“标题和内容”。

格式设置：幻灯片 2 输入“光盘\题库\第 4 章\4-6\文字.doc”文件内容，宋体，28。

插入图表：幻灯片 3 插入“饼图”。

图标设置：数据标签格式：无边框，宋体，常规，8；图例格式：宋体，常规，8；图表区格式：无边框。

切换效果：幻灯片 1：盒状收缩，中速；幻灯片 2：水平梳理，中速；幻灯片 3：向下插入，中速。

【范例】

范例演示：“光盘\题库\第 4 章\范例演示\4-6.pps”文件。

【样文】

如图 4-24～图 4-26 所示。

图 4-24

XX公司2009年财务支出情况表

项目	实际支出
员工工资	214763
各种保险费	78000
设备维修费	34000
通讯费	20000
差旅费	12000
广告费	8000
水电费	4350

图 4-25

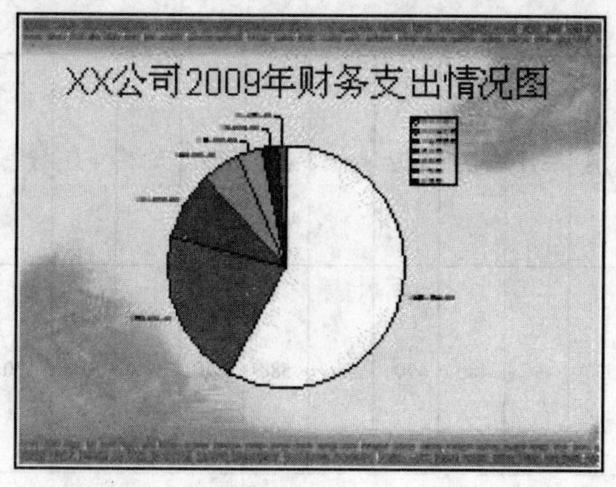

图 4-26

4.7 第　7　题

【操作要求】

幻灯片添加：在标题幻灯片下方新建 3 张幻灯片。

设计模板应用："京剧脸谱"设计模板应用于所有幻灯片。

版式应用：幻灯片 2 使用"标题和内容"。

格式设置：幻灯片 2 输入"光盘\题库\第 4 章\4-7\文字.doc"文件内容，宋体，20。

插入图表：幻灯片 3 插入"簇状柱形图"；幻灯片 4 插入"折线图"。

图标设置：幻灯片 3、4 坐标轴格式：宋体，加粗，字号为 8，显示值。

切换效果：幻灯片 1：水平百叶窗，中速；幻灯片 2：向下推出，中速；幻灯片 3：菱形，中速；幻灯片 4：扇形展开，中速。

【范例】

范例演示："光盘\题库\第 4 章\范例演示\4-7.pps"文件。

【样文】

如图 4-27～图 4-30 所示。

图 4-27

××城区用电量统计表

一月	二月	三月	四月	五月	六月	七月	八月	九月	十月	十一月	十二月
510	530	490	480	490	530	580	620	590	520	470	500

图 4-28

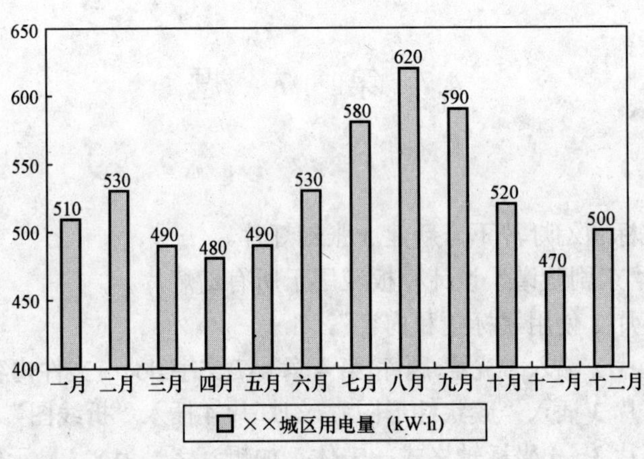

图 4-29

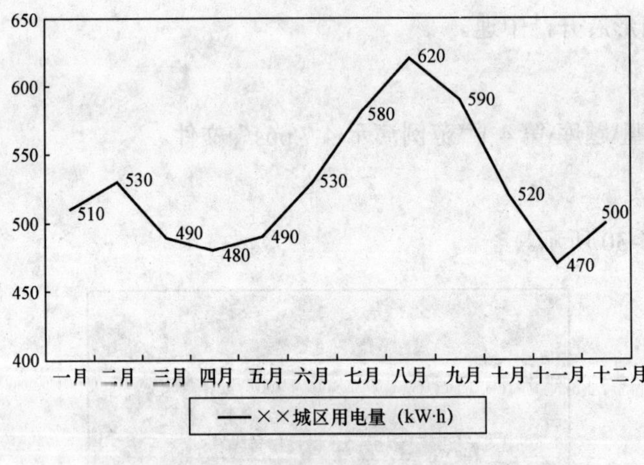

图 4-30

4.8 第 8 题

【操作要求】

幻灯片添加：在标题幻灯片下方新建 5 张幻灯片。

版式应用：将所有幻灯片版式设置为空白。

幻灯片母版：插入“光盘\题库\第 4 章\4-8\bj.jpg”文件。

格式设置：华文行楷。幻灯片 1：插入垂直文本框，输入“三国名将”，字号为 100，“关羽”，字号为 40；幻灯片 2：插入垂直文本框，输入相应文字，字号为 36；幻灯片 3：插入垂直文本框，输入相应文字，字号为 33；幻灯片 4：绘制竖卷型图形，输入相应文字；插入水平文本框，输入相应文字；绘制肘形箭头连接符；幻灯片 5：插入垂直文本框，输入相应文字，字号为 40，输入“忠义”红色；幻灯片 6：插入水平文本框，输入相应文字，字号为 54。

切换效果设置：平滑淡出，应用于所有幻灯片。

图片：幻灯片 1：插入“光盘\题库\第 4 章\4-8\t1.png”文件；幻灯片 3：插入“光盘\题库\第 4 章\4-8\t2.png”文件；幻灯片 4：插入“光盘\题库\第 4 章\4-8\t3.png”文件；幻灯片 5：插入“光盘\题库\第 4 章\4-8\t4.png”文件；幻灯片 6：插入“光盘\题库\第 4 章\4-8\t5.png”文件。

背景音乐：插入“光盘\题库\第 4 章\4-8\英雄的黎明.wav”文件。

【自定义动画】

幻灯片 1：“三国名将”擦除，之前，自顶部，非常慢；t1.png：渐变，之后，中速；“关羽”：渐变，之后，中速。

幻灯片 2：各文本框依次设置，擦除，之后，自顶部，慢速。

幻灯片 3：插入 t2.png：渐变，之后，慢速；文本框：擦除，之后，自右侧，慢速。

幻灯片 4：t3.png：渐变，之后，慢速；组合 1：渐变，之后，慢速；组合 2～7：依次设置擦除，之后，自顶部，慢速。

幻灯片 5：t4.png：渐变，之后，慢速，文本框：擦除，之后，自右侧，非常慢。

幻灯片 6：t5.png：渐变，之后，慢速；文本框：动作路径，向右，之后，快速，颜色打字机，之后，非常快。

排练计时：依次为 6 张幻灯片计时。

【范例】

范例演示：“光盘\题库\第 4 章\范例演示\4-8.pps”文件。

【样文】

如图 4-31～图 4-36 所示。

图 4-31

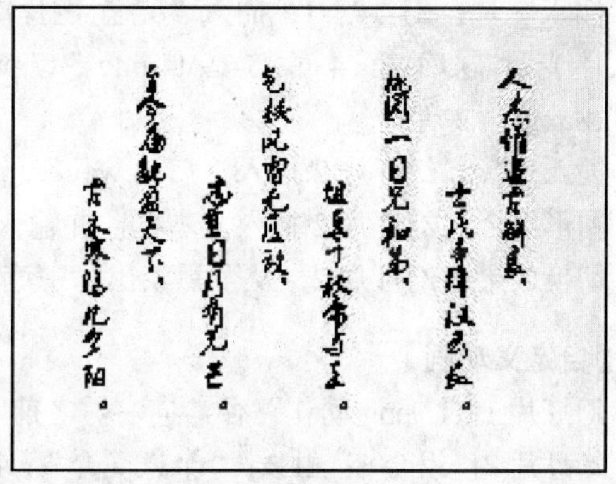

图 4-32

图 4-33

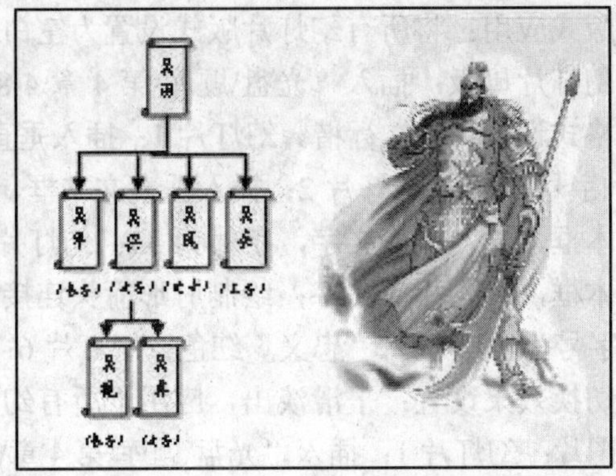

图 4-34

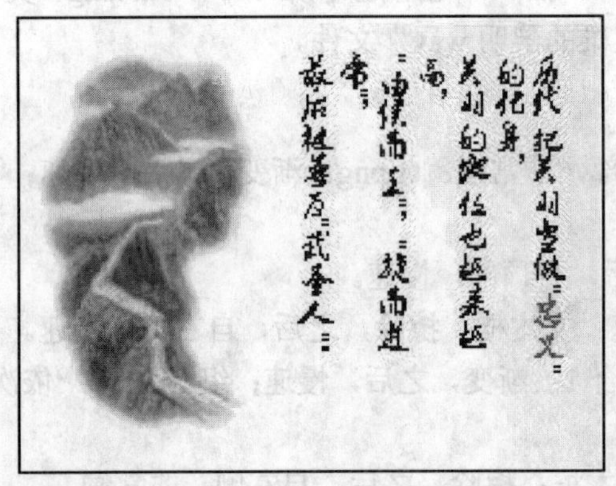

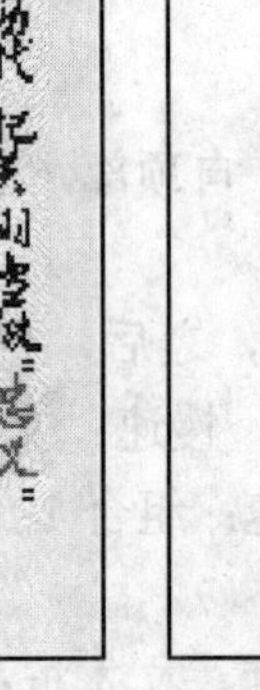

图 4-35

图 4-36

4.9 第 9 题

【操作要求】

幻灯片添加：在标题幻灯片下方新建 2 张幻灯片。

版式应用：空白。

幻灯片母版：插入“光盘\题库\第 4 章\4-19\t3.png”文件。

插入图片：幻灯片 1：插入“光盘\题库\第 4 章\5-19\t1.png、t2.png”文件；幻灯片 2：插入“光盘\题库\第 4 章\5-19\t4.png～t7.png”；幻灯片 3：插入“光盘\题库\第 4 章\5-19\t8.png”文件。

插入声音：幻灯片 2 插入“启动.wav”；幻灯片 3 插入“关机.wav”。

图形组合：幻灯片 2 插入文本框，并输入相应文字后与相应图片组合。

切换效果：幻灯片 2：从全黑淡出，中速。

【自定义动画】

幻灯片 1：t2.png 动作路径，向右，之前，快速，直到幻灯片末尾。

幻灯片 2：组合 1：触发 “个人简介”；组合 2：触发“个人经历”；组合 3：触发“个人爱好”。

【范例】

范例演示："光盘\题库\第 4 章\范例演示\4-7.pps"文件。

【样文】

如图 4-37～图 4-39 所示。

图 4-37

图 4-38

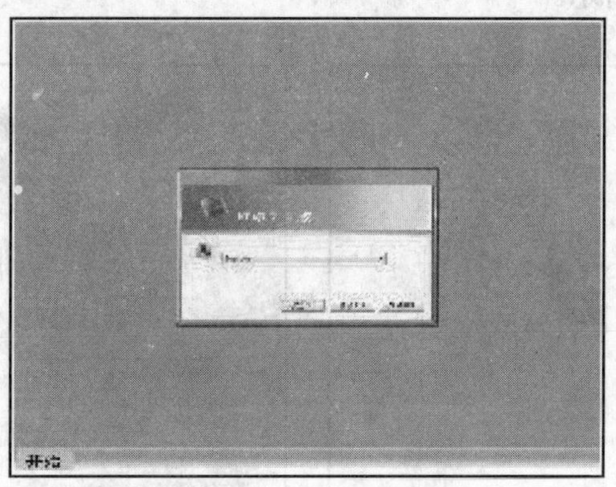

图 4-39

4.10 第 10 题

【操作要求】

幻灯片添加：在标题幻灯片下方插入 7 张空白幻灯片。

版式应用：将所有幻灯片版式设置为空白。

幻灯片母版：插入"光盘\题库\第 4 章\4-10\bj.png"文件。

图片：幻灯片 2：插入"光盘\题库\第 4 章\4-10\t1.png"文件；幻灯片 3：插入"光盘\题库\第 4 章\4-10\t2.png"文件；幻灯片 4：插入"光盘\题库\第 4 章\4-10\t3.png～t5.png"文件及相应剪贴画。

自选图形：幻灯片 5～6 插入自选图形"下弧形箭头"，适当调整位置。

链接设置：t3.png 链接幻灯片 5；t4.png 链接幻灯片 6；t5.png 链接幻灯片 7；幻灯片 5～7“下弧形箭头”链接幻灯片 4。

背景音乐：幻灯片 2：插入“脚步声.mp3”；幻灯片 3：插入“电动门.wav”；幻灯片 8：插入“打字声.wav”。

切换效果设置：幻灯片 2：从全黑切出，慢速；幻灯片 3：出全黑淡出，快速。

【自定义动画】

幻灯片 1：文字：“面试”，进入，挥舞，之前，快速；动作路径：向左，之后，中速；强调：放大/缩小，之后，120%，中速；闪动，之后，中速；自定义路径（向左退出），之后，非常快，抽气声效果。

幻灯片 8：文本框内容：“进入”为“颜色打字机”，“之前”，“非常快”；“打字声.wav”，“重复”，直到幻灯片末尾。

【范例】

范例演示：“光盘\题库\第 4 章\范例演示\4-10.pps”文件。

【范文】

如图 4-40～图 4-47 所示。

图 4-40

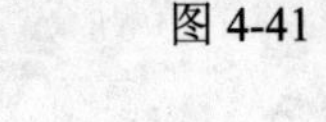

图 4-41

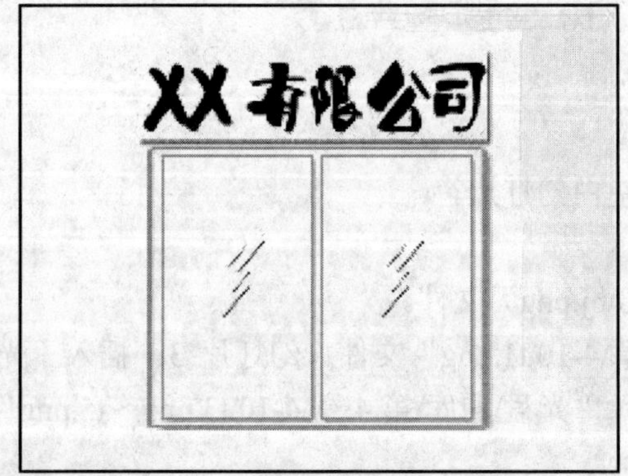

图 4-42

图 4-43

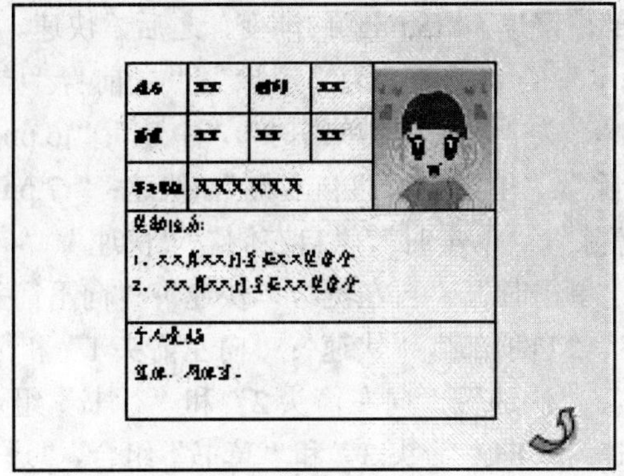

图 4-44

成绩单

C语言程序设计	98分
计算机基础	95分
Web程序设计	96分
微机原理及接口技术	98分

图 4-45

工作经历

XX年XX月	在XX公司参与XX项目
XX年XX月	在XX公司参与XX项目
XX年XX月	在XX公司参与XX项目，主要负责XX部分
XX年XX月	在XX公司参与XX项目，主要负责XX部分

图 4-46

XXX同学：

经考试、面试合格，同意录用你为我公司程序设计员，请持本通知办理相关手续，于XX年XX月XX日前来公司报到。

XX有限公司
XX年XX月XX日

图 4-47

4.11 第 11 题

【操作要求】

幻灯片添加：在标题幻灯片下方插入 5 张幻灯片。

版式应用：将所有幻灯片版式设置为空白。

幻灯片母版：背景色为淡蓝。

图片：幻灯片 1：插入“光盘\题库\第 4 章\4-11\t1.png～t5.png”文件，并依次插入“汉”和“字”的图片；幻灯片 2：插入“光盘\题库\第 4 章\4-11\t5.png～t7.png”文件。

格式设置：华文行楷；幻灯片 2：文本框，54；幻灯片 2：20；幻灯片 3～4：文本框，32；幻灯片 6：文本框，60。

【自定义动画】

幻灯片 1：“t1.png”：进入为渐变，之前，中速；“t2.png”：自定义路径，之后，中速；“t3.png”：进入为渐变于缩放，之后，慢速；“t2.png”：退出为渐变，之后，慢速；“t3.png”：退出为渐变，之后，慢速；“t1.png”：退出为渐变，之后，慢速；“t4.png”：进入为渐变，之后，中速；“t4.png”：进入为渐变，之前，中速；“汉”和“字”设置进入：擦除，快速，方向（依笔顺方向设置)；文本框：进入：擦除，之后，自顶部，慢速；“t5.png”：渐变，之后，快速。

幻灯片 2：“汉字演变”、“单击图片注解提示”的“进入”为“擦除”，“之前”，“自顶部”，“中速”；“t5.png”和“甲骨文”组合的“进入”为“渐变”，“单击时”，“中速”；“t6.png”、“向右箭头 1”和“金文”组合，“进入”为“擦除”，“单击时”，“自左侧”，快速；“t7.png”、“向右箭头 2”和“大篆”组合，“进入”为“擦除”，“单击时”，“自左侧”，“快速”；“向右箭头 3”和“小篆”组合，“进入”为“擦除”，“单击时”，“自左侧”，“快速”；“向下箭头”和“隶书”组合，“进入”为“擦除”，“单击时”，“自顶部”，“快速”；“向左箭头 1”和楷书组合，“进入”为“擦除”，“单击时”，“自右侧”，“快速”；“向左箭头 2”和“行书”组合，“进入”为“擦除”，“单击时”，“自右侧”，“快速”；“向左箭头 3”和“草书”组合，“进入”为“擦除”，“单击时”，“自右侧”，“快速”；各种字体注解设置，“进入”为“百叶窗”，“单击时”，“水平”，“慢速”，“强调”为“渐变”，“之后”，“中速”。

幻灯片 3：文本框 1，“进入”为“擦除”，“之前”，“自顶部”，“中速”；文本框 2 为“进入”为“擦除”，“之后”，“自顶部”，“中速”。

幻灯片 4：文本框 1，“进入”为“擦除”，“之前”，“自顶部”，“中速”；文本框 2 为“进入”为“擦除”，“之后”，“自顶部”，“中速”。

幻灯片 5：文本框 1，“进入”为“擦除”，“之前”，“自顶部”，“中速”；文本框 2 为“进入”为“擦除”，“之后”，“自顶部”，“中速”。

幻灯片 6：文本框，“进入”为“渐变”，“之前”，“中速”。

触发器：在幻灯片 2 中设置各图组触发相应注解。

排练计时：依次为 6 张幻灯片计时。

【范例】

范例演示：“光盘\题库\第 4 章\范例演示\4-11.pps”文件。

【样文】

如图 4-48～图 4-53 所示。

图 4-48

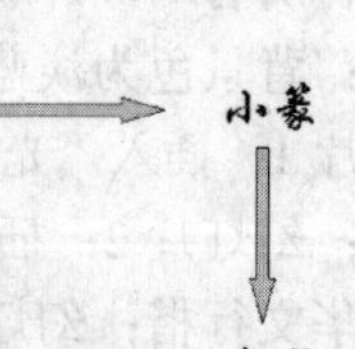

图 4-49

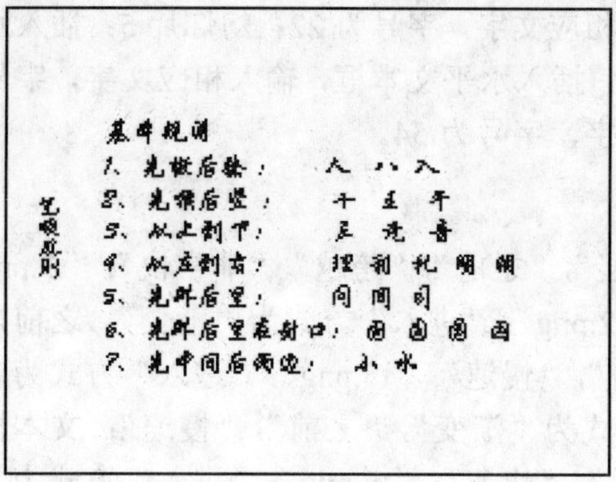

图 4-50

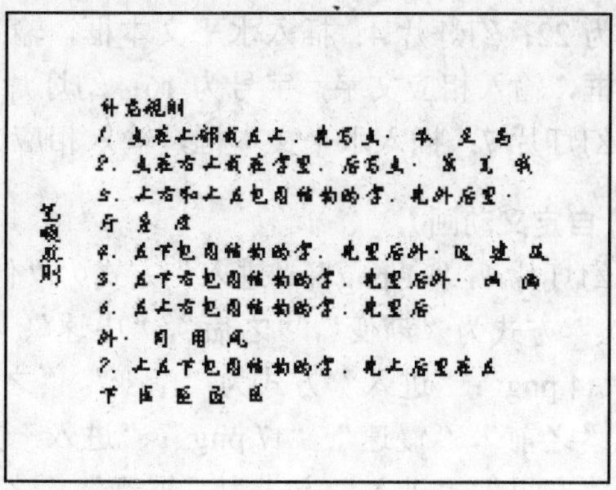

图 4-51

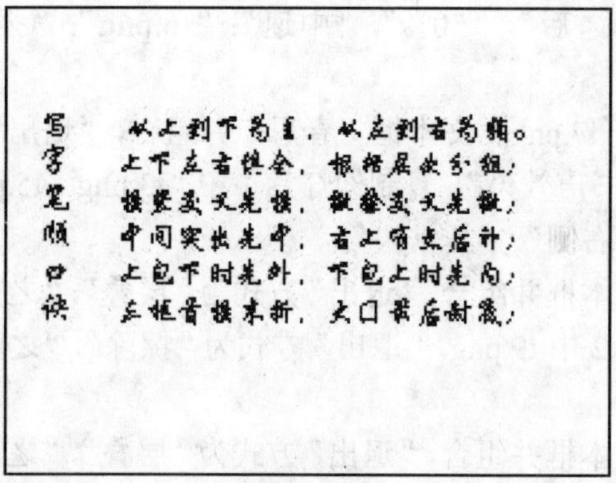

图 4-52

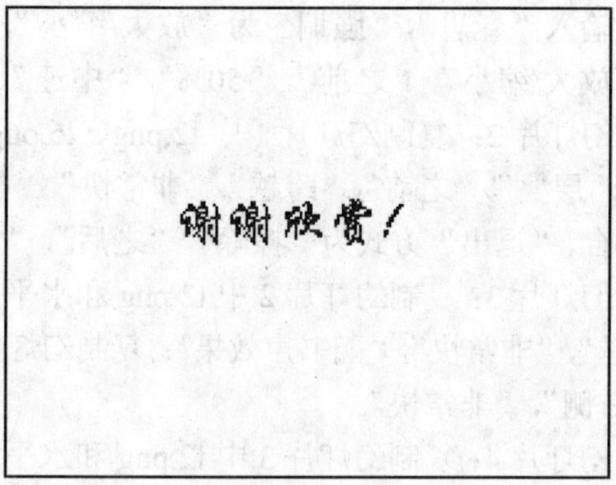

图 4-53

4.12　第　12　题

【操作要求】

幻灯片添加：在标题幻灯片下方插入 6 张空白幻灯片。

版式应用：将所有幻灯片版式设置为空白。

幻灯片母版：插入“光盘\题库\第 4 章\4-12\bj.jpg”文件。

图片：幻灯片 1：在相应位置插入“光盘\题库\第 4 章\4-12\t1-t7.png”文件；幻灯片 2：在相应位置插入“光盘\题库\第 4 章\4-12\3.png、t9.png”文件；幻灯片 3：在相应位置插入“光盘\题库\第 4 章\4-12\3.png、t8.png”文件；幻灯片 4：在相应位置插入“光盘\题库\第 4 章\4-12\3.png、t9.png”文件；幻灯片 5：在相应位置插入“光盘\题库\第 4 章\4-12\3.png、t8.png”文件；幻灯片 6：在相应位置插入“光盘\题库\第 4 章\4-12\3.png、t9.png”文件；幻灯片 7：在相应位置插入“光盘\题库\第 4 章\4-12\3.png、t9.png”文件。

格式设置：华文行楷；幻灯片 1：插入垂直文本框，“春思”，字号为 80；幻灯片 2：插入水平文本框，输入相应文字，字号为 33；幻灯片 3：插入水平文本框，输入相应文字，字号为 22；幻灯片 4：插入水平文本框，输入相应文字，字号为 22；幻灯片 5：插入水平文本框，输入相应文字，字号为 16；幻灯片 6：插入水平文本框，输入相应文字，字号为 54；幻灯片 7：插入水平文本框，输入相应文字，字号为 54。

【自定义动画】

幻灯片 1：“t1.png”：“进入”方式为“伸展”，“之前”，“跨越”，“非常快”；“t3.png”：“进入”方式为“渐变”，“之后”，“中速”；“t2.png”：“进入”方式为“渐变”，之前，中速；“t4.png”：“进入”方式为“渐变”，“之前”，“慢速”；“t5.png”：“进入”方式为“渐变”，“之前”，“慢速”；“t7.png”：“进入”方式为“渐变”，“之前”，“慢速”；文本框内输入“春思”，“进入”方式为“挥舞”，“之后”，“快速”；“t6.png”：“进入”方式为“玩具风车”，“之后”，“快速”；“文本框”：“春思”，“强调”方式为“放大/缩小”，“之后”，“150%”，“中速”；“t6.png”：“强调”为“放大/缩小”，“之前”，“150%”，“中速”；文本框内输入“春思”，“强调”为“放大/缩小”，“之后”，“50%”，“中速”；“t6.png”：“强调”为“放大/缩小”，“之前”，“50%”，“中速”。

幻灯片 2：复制幻灯片 1 中 t2.png、t6.png、t7.png、文本框“春思”并组合，“退出”方式为“层叠”，“之前”，“跨越”，“非常快”，“翻书声效果”；复制幻灯片 1 中“t3.png～t5.png”并组合，“退出”方式为“擦除”，“之后”，“自右侧”，“非常快”。

幻灯片 3：复制幻灯片 2 中 t2.png 和水平文本框并组合，“退出”方式为“层叠”，“之前”，“跨越”，“非常快”，“翻书声效果”；复制幻灯片 2 中 t9.png，“退出”方式为“擦除”，“之后”，“自右侧”，“非常快”。

幻灯片 4：复制幻灯片 3 中 t2.png 和水平文本框并组合，“退出”方式为“层叠”，“之前”，“跨越”，“非常快”，“翻书声效果”；复制幻灯片 3 中 t8.png，“退出”方式为“擦除”，“之后”，“自右侧”，“非常快”。

幻灯片 5：复制幻灯片 4 中 t2.png 和水平文本框并组合，“退出”方式为“层叠”，“之前”，“跨越”，“非常快”，“翻书声效果”；复制幻灯片 3 中 t9.png，“退出”方式为“擦除”，“之后”，“自右侧”，“非常快”。

幻灯片 6：复制幻灯片 5 中 t2.png 和水平文本框并组合，“退出”方式为“层叠”，“之前”，“跨越”，“非常快”，“翻书声效果”；复制幻灯片 3 中 t8.png，“退出”方式为“擦除”，“之后”，“自右侧”，“非常快”。

幻灯片 7：将全部图形组合，“退出”方式为“螺旋飞出”，“之后”，“快速”。

排练计时：依次为 7 张幻灯片计时。

【范例】

范例演示：“光盘\题库\第 4 章\范例演示\4-12.pps”文件。

【样文】

如图 4-54～图 4-59 所示。

图 4-54

图 4-55

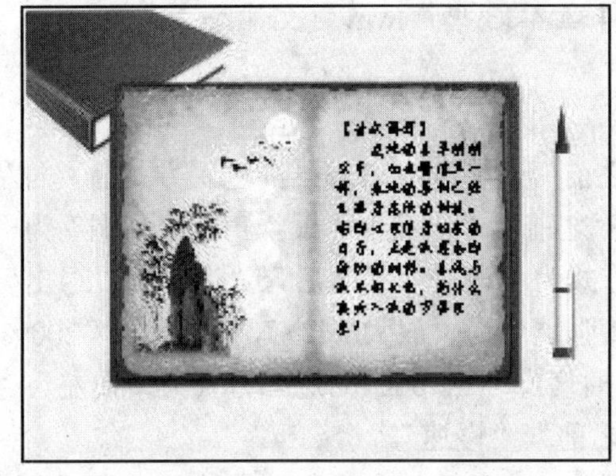

图 4-56

图 4-57

图 4-58

图 4-59

4.13 第　13　题

【操作要求】

幻灯片添加：在标题幻灯片下方插入 4 张幻灯片。

版式应用：将所有幻灯片版式设置为空白。

幻灯片母版：插入“光盘\题库\第 4 章\4-13\bj.jpg”文件。

格式设置。华文行楷；幻灯片 1：插入水平文本框，文字为“春晓”，字号为 100；幻灯片 2：插入垂直文本框，输入相应文字，字号为 60；幻灯片 3：插入垂直文本框，输入相应文字，字号为 36；幻灯片 4：插入垂直文本框，输入相应文字，字号为 36；幻灯片 5：插入水平文本框，输入相应文字，字号为 90。

切换效果设置。幻灯片 1：向下插入，快速；幻灯片 2：新闻快报，快速；幻灯片 3：向右推出，快速；幻灯片 4：左右向中央收缩，快速；幻灯片 5：水平梳理，快速。

图片。幻灯片 1：在相应位置插入“光盘\题库\第 4 章\4-13\t1.png～t4.png”文件；幻灯片 2～4：在相应位置插入“光盘\题库\第 4 章\4-13\5.png”文件；幻灯片 5：在相应位置插入“光盘\题库\第 4 章\4-13\t6.png、t7.gif”文件。

背景音乐。幻灯片 5：插入“光盘\题库\第 4 章\4-13\鸟声.wav”文件。

【自定义动画】

幻灯片 1：t2.png 的进入方式为“向右”，“之前”，“慢速”；t1.png 的进入方式为“向左”，“之前”，“慢速”；“春晓”进入方式为“挥舞”，“之前”，“快速”，“爆炸声”；“强调”为“闪动”，“之后”，“慢速”；t4.png“进入”的进入方式为“渐变”，“之后”，“慢速”，“退出”方式为“螺旋飞出”，“之后”，“快速”；“春晓”：“强调”为“放大/缩小”，“之后”，“200%”，“快速”，“自定义路径”，“之后”，“非常快”，“抽气声”；t2.png 的进入方式为“向左”，“之后”，“慢速”；t1.png 的进入方式为“向右”，“之前”，“慢速”。

幻灯片 2：各文本框依次设置，“进入”方式为“空翻”，“之后”，“快速”，“强调”方式“波浪形”，“之后”，“快速”；“退出”为“挥舞”，“之后”，“快速”。

幻灯片 3：文本框设置，“进入”方式为“擦除”，“之前”，“自右侧”，“非常慢”；“退出”方式为“渐变”，“之后”，“慢速”。

幻灯片 4：文本框设置，“进入”方式为“擦除”，“之前”，“自右侧”，“非常慢”；“退出”方式为“放大”，“之后”，“中速”。

幻灯片 5：“鸟声”的音效直到幻灯片末尾；文本框设置，“进入”方式为“渐变”，“之前”，“慢速”；强调：“忽明忽暗”，“之后”，“中速”。

排练计时：依次为 5 张幻灯片计时。

【范例】

范例演示：“光盘\题库\第 4 章\范例演示\4-13.pps”文件。

【样文】

如图 4-60～图 4-64 所示。

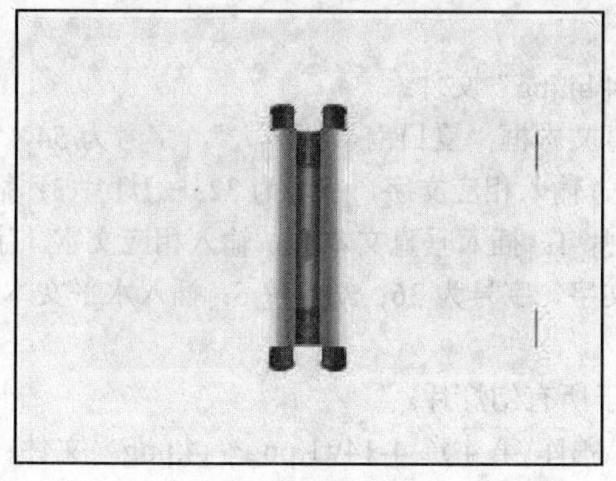

图 4-60

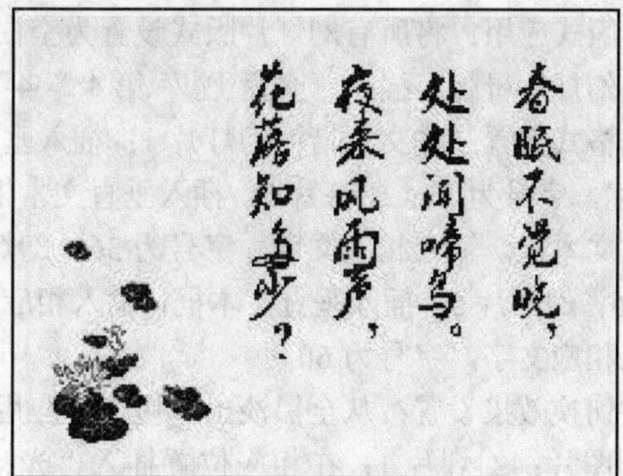

图 4-61

图 4-62

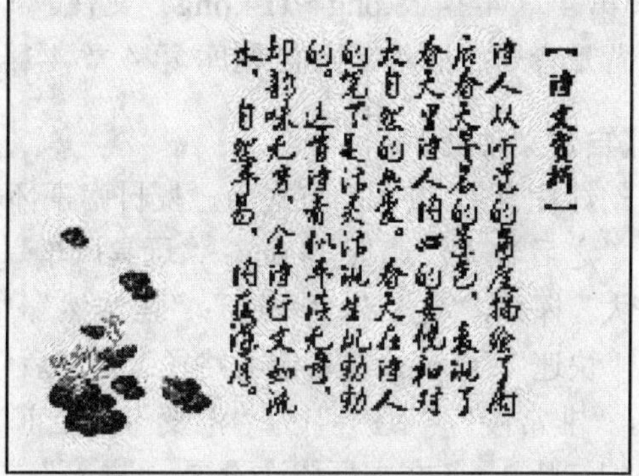

图 4-63

图 4-64

4.14 第 14 题

【操作要求】

幻灯片添加：在标题幻灯片下方插入 5 张幻灯片。

版式应用：将所有幻灯片版式设置为空白。

幻灯片母版：插入“光盘\题库\第 4 章\4-14\bj.jpg”文件；

格式设置：华文行楷；幻灯片 1：插入垂直文本框“夏日南亭怀辛大”，字号为 54，“孟浩然”，字号为 32；幻灯片 2：插入垂直文本框，输入相应文字，字号为 32；幻灯片 3：插入垂直文本框，输入相应文字，字号为 36；幻灯片 4：插入垂直文本框，输入相应文字，字号为 36；幻灯片 5：插入垂直文本框，输入相应文字，字号为 36；幻灯片 6：插入水平文本框，输入相应文字，字号为 60。

切换效果设置：从全黑淡出，慢速，应用于所有幻灯片。

图片：幻灯片 1：在相应位置插入“光盘\题库\第 4 章\4-14\t1.png～t4.png”文件；幻灯片 2：在相应位置插入“光盘\题库\第 4 章\5-15\5.png～7.png”文件；幻灯片 3～5：在相应位置插入“光盘\题库\第 4 章\4-14\t8.png”文件；幻灯片 6：在相应位置插入“光盘\题库\第 4 章\4-14\t8.png～t14.png”文件。

背景音乐：插入“光盘\题库\第 4 章\4-14\渔舟唱晚.wav”。

【自定义动画】

幻灯片 1：“进入”方式为“夏日南亭怀辛大”挥舞，“之前”，“快速”；“孟浩然”，“挥舞”，“之后”，“快速”；t4.png：“玩具风车”，“之后”，“快速”；“退出”方式为“夏日南亭怀辛大”挥舞，“之后”，“快速”；“孟浩然”，“挥舞”，“之后”，“快速”；t4.png：“伸缩”，“之后”，“快速”；t2.png：“自定义路径”，“之后”，“非常慢”，“强调”为“放大/缩小”：“之前”，50%，“非常慢”，“退出”为“渐变”，“之前”，“非常慢”。

幻灯片 2：各文本框依次设置，“进入”方式为“擦除”，“之后”，“自顶部”，“快速”，“强调”为“忽明忽暗”，“之后”，“中速”；“退出”为“渐变”，“之后”，“中速”。

幻灯片 3：t8.png：“擦除”，“之前”，“自底部”，“慢速”；文本框：“进入”方式为“百叶窗”，“之后”，“垂直”，“中速”；“强调”方式为“忽明忽暗”，“之后”，“快速”；“退出”方式为“放大”，“之后”，“中速”。

幻灯片 4：t8.png：“擦除”，“之前”，“自底部”，“慢速”；文本框：“进入”方式为“擦除”，“之后”，“自右侧”，“非常慢”；“强调”为“波浪形”，“之后”，“非常速”；“退出”方式为“盒状”，“之后”，“内”，“快速”。

幻灯片 5：t8.png：“擦除”，“之前”，“自底部”，“慢速”；文本框：“进入”方式为“空翻”，“之后”，“快速”；“强调”为“闪现”，“之后”，“非常快”；“退出”为“渐变”，“之后”，“中速”。

幻灯片 6：文本框：“进入”，“擦除”，“之前”，“自顶部”，“非常慢”；t12.png：“自定义路径”，“之前”，“非常慢”；“陀螺旋”，“之前”，“360°顺时针”，“非常慢”；“放大/缩小”，“之前”，50%，“慢速”；t10.png：“自定义路径”，“之前”，“快速”；t11.png：“自定义路径”，“之前”，“快速”；t13.png、t14.png：“自定义路径”，“之前”，“非常慢”。

排练计时：依次为 6 张幻灯片计时。

【范例】

范例演示：“光盘\题库\第 4 章\范例演示\4-14.pps”文件。

【样文】

如图 4-65～图 4-70 所示。

图 4-65

图 4-66

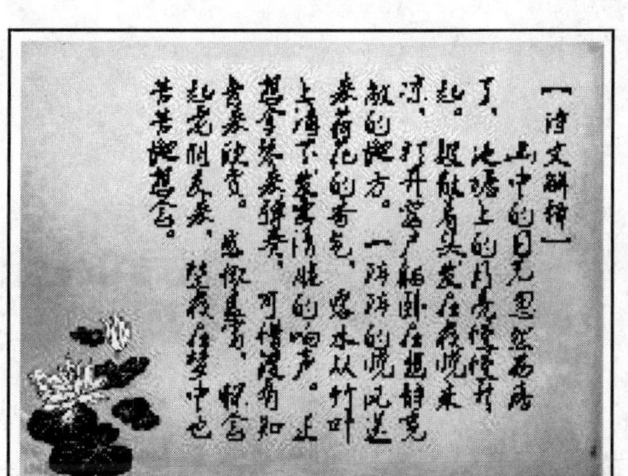

图 4-67

图 4-68

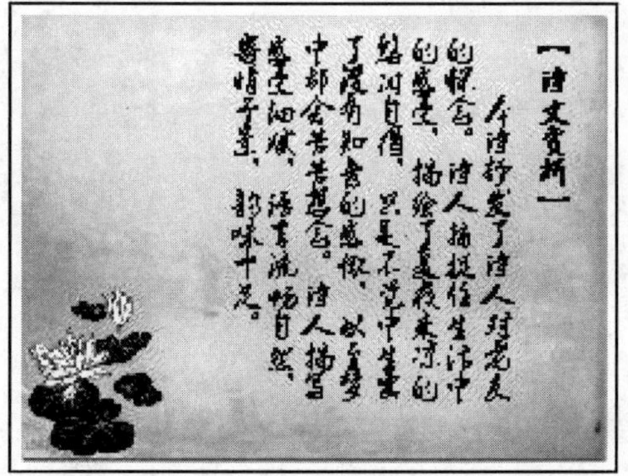

图 4-69

图 4-70

参 考 文 献

[1] 洪霞. 计算机应用基础［M］. 北京：中国电力出版社，2009.

[2] 孙奕学，陈学林. 计算机应用基础［M］. 北京：中国计划出版社，2008.

[3] 冯博琴. 全国计算机等级考试一级教程 MS OFFICE［M］. 2 版. 北京：中国铁道出版社，2005.

[4] 国家电网公司人力资源部，国网人才评价中心. 国家电网公司计算机水平考试实用教程［M］. 3 版. 北京：中国电力出版社，2007.

[5] 国家职业技能鉴定专家委员会计算机专业委员会. 办公软件应用（Windows 平台）试题汇编［M］. 北京：红旗出版社，2005.